数码探科学

青少年科创项目设计实践

项华 毛澄洁 @ 主编

人民邮电出版社
北京

图书在版编目（CIP）数据

数码探科学：青少年科创项目设计实践 / 项华，毛澄洁主编. -- 北京：人民邮电出版社，2021.1
ISBN 978-7-115-54731-6

Ⅰ. ①数… Ⅱ. ①项… ②毛… Ⅲ. ①创造发明－青少年读物 Ⅳ. ①G305-49

中国版本图书馆CIP数据核字(2020)第159851号

内 容 提 要

本书是基于"数字科学家计划"的基础课程编写的。全书分为课程篇、技能篇、工具篇和案例篇四部分。课程篇给出了12个生动有趣的主题，运用探究式的方法，引导读者了解"数据科学家计划"所提倡的"实物探""理论探"和"数码探"方法，帮助他们提高解决科学问题的能力。技能篇详细介绍了观察、推理、预测、分类、建模、交流和科学测量共7种探究式学习技能，并辅以实际活动示例，帮助读者更好地将理论讨诸实践。工具篇主要介绍本书用到的辅助工具，包括数码相机、几何画板、Scratch 3.0和Algodoo（爱乐多）。案例篇展示了由学生实现的8个案例，让读者切实了解"数码探科学"的实践意义，以更好地开展自己的实验。

本书可作为中小学校本选修课程的教学用书，也可作为小学高年级和初中低年级学生的科学读物。

♦ 主　　编　项　华　毛澄洁
　责任编辑　吴晋瑜
　责任印制　王　郁　焦志炜
♦ 人民邮电出版社出版发行　北京市丰台区成寿寺路11号
　邮编　100164　电子邮件　315@ptpress.com.cn
　网址　https://www.ptpress.com.cn
　北京盛通印刷股份有限公司印刷
♦ 开本：720×960　1/16
　印张：11.25
　字数：174千字　　　2021年1月第1版
　印数：1-1 800册　　2021年1月北京第1次印刷

定价：69.00元
读者服务热线：(010)81055410　印装质量热线：(010)81055316
反盗版热线：(010)81055315
广告经营许可证：京东市监广登字 20170147 号

《数码探科学》编委会

主　编：项　华　毛澄洁

编　委：

郝晋青　滕　珺　吴俊杰　梁　婷　沈　耘
谭振兴　马　亮　覃　芳　段　捷　眭衍波
项杰庭　刘　成　吉广智　王熙淳　辛丽蓉
李梦悦　杨树梁　刘　佳　雷丽媛　徐孟璇
杨双伟　赵明珠　陈文香　魏留芳　胡海军
骆玉香　宋　洁　罗　乐　聂　榕　朱美霞
宋晶晶　周　晶　谢作如

序

进入 21 世纪，科学技术日新月异。信息技术、生命科学、认知科学以及纳米技术这四大科技领域的融合将给人类带来巨大的影响。与此同时，云计算、虚拟现实（VR）、3D 打印技术、纳米机器人、克隆生物技术等人工智能技术扑面而来，我们该如何应对随之而来的复杂且颇具不确定性的环境变化呢？

应对急剧变化环境的法宝是采取探究式学习方法。所谓探究式学习，就是像科学家一样去探索、研究和创造。事实上，探究就是指探索和研究。与其说探究是一种能力，不如说它是一种态度和行为习惯。人的探究意识很强，这源自人类趋利避害的本能。21 世纪的人们应该具备批判性思考能力、创造力、沟通与交流能力、跨文化能力以及合作能力。要养成这五种能力，离不开探究式学习。

"数字科学家计划"是一个面向未来的 A-STEM 创客教育项目，具有核心素养引领性、创新性、跨学科性、工程性和数字化工具性等特点。"数字科学家计划"基于探究式学习构建、重构课程，旨在引导青少年使用数码相机、计算机仿真与编程、互联网等数字化手段，帮助他们提高解决具有真实性、综合性、复杂性特点的科学问题的能力，进而更好地应对人工智能技术带来的挑战。

本书是基于"数字科学家计划"的基础课程编写的。通过本书，你可以了解到探究世界的 3 种基本手段：其一，基于实物实验的"实物探"，简单易行；其二，基于学科专家型知识的"理论探"，深刻、严谨、有效；其三，基于计算机信息技术的"数码探"，现代时尚，与科学研究前沿接轨。综合运用"实物探""理论探"和"数码探"这 3 种基本手段，你可以从容地游弋于物质世界和数据海洋中。通过本书，你将亲历科学探究过程，掌握数据"观"与"测"的基本知识与技能，体会其中包含的科学思想与方法，体验数据挖掘、交流与传播的价值，养成数据探究的意识和习惯……

本书是针对小学高年级和初中低年级学生编写的。本书分为四部分，分别是"课程篇""技能篇""工具篇"和"案例篇"。"数字科学家计划"系列课程具有主题开放性和探究性，在就内容深度和探索范围加以改编之后，既可以用于小学高年级学生的探究式学习活动，也可用于低年级的学生探究式学习。本书可供中小学校教师开设校本选修课程之用，也可供中小学校教师专业发展培训之用，还可供科学教育研究人员参考之用。

北京师范大学物理学系　项华

北京景山学校　毛澄洁

Contents 目录

课程篇 ——————————————————— Curriculums

01 校园里的大树有多高 ·· 2
02 校园测绘 ·· 9
03 人脸探秘 ··· 15
04 测量月球环形山的面积 ··· 22
05 出租车超速了吗 ··· 29
06 血滴侦探 ··· 36
07 金鱼吐泡泡 ·· 44
08 感受虚拟仿真世界——物体的浮沉 ························· 50
09 暴走迷宫 ··· 57
10 你的手指反应有多快 ·· 64
11 3D照片DIY ··· 72
12 纸飞机 ··· 83

技能篇 ——————————————————— Skills

13 探究式学习技能 ··· 90

工具篇 / Tools

- 14　数码相机 …………………………………………………… 104
- 15　几何画板 …………………………………………………… 105
- 16　Scratch 3.0 ………………………………………………… 106
- 17　Algodoo（爱乐多）………………………………………… 113

案例篇 / Cases

- 18　案例一：4种酸奶对面团发酵效果的影响 ………………… 118
- 19　案例二：天空中的云朵究竟有多高 ……………………… 124
- 20　案例三：糖葫芦状水流 …………………………………… 128
- 21　案例四：利用微信取证治理小广告 ……………………… 139
- 22　案例五：视觉暂留时间测定 ……………………………… 142
- 23　案例六：足球比赛中罚球区附近射门最佳方式 ………… 147
- 24　案例七：轮胎花纹对摩擦力的影响 ……………………… 155
- 25　案例八：人的面部黄金比例是否会遗传 ………………… 162

后记 ………………………………………………………………… 171

课程篇

课程篇依据"数字科学家"探究式实践理念和混合式教学模式,选取一些趣味性强、与生活密切相联的基本主题,引导学生探索这些主题,培养他们选用数字化工具的意识,激发他们用数字化工具观察科学现象的兴趣,使之具备用数字化工具解决实际问题的基本技能。

01 校园里的大树有多高

美丽的校园里有许多高大的树(图1-1)。这些树有多高?如何测量一棵树的高度?

图1-1 校园里的大树

抱团吧

1. 按随机原则分组（每组3～4人）：每位同学抽取一张卡片，抽到相同颜色（或相同号码）的同学为一组。
2. 通过小组协商或者自荐产生本项目的组长。
3. 组员自愿（或组长分配）明确自己的个人角色。角色参照如下。

（1）组长：负责组织工作，协调各种活动，分配任务，当组员遇到疑惑时，负责询问，并为小组下一步行动提供建议，同时可以协助其他组员完成任务。

（2）设计师：负责设计本组logo以及海报的整体设计等。

（3）数据记录员：负责记录本项目的数据等。

（4）材料管理员：负责小组资料以及材料的收集整理，协助其他同学完成任务。

注意：

（1）可自行添加角色，如摄影师、时间管理员、汇报员等。

（2）组员可以一人担任多个角色。

 **目标导航**

1. 树立屏幕间接测量的意识。
2. 树立团队解决问题的意识。
3. 了解长度测量的基础方法。
4. 会用"比例"解决问题。

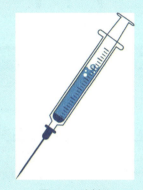

图1-2 注射器

图1-3 两种长度测量工具

间接测量

很多时候，我们无法直接测量一些东西，比如，不能直接测量太阳的高度。但是，可以根据对象之间的关系进行间接测量，比如，通过注射器（图1-2）内药液的高度得到药液的体积。用于间接测量的工具还有很多，如图1-3所示的游标卡尺和圆规，又如图 1-4 所示的天文望远镜。

再如，通过测量书的厚度间接测量每页的厚度（图 1-5），抑或用机械轮式测距仪（图 1-6）间接测量跑道的长度。

成像测量技术

科学家或工程师经常通过拍照、观察与测量照片等方法解决问题，这就是成像测量技术，比如，天文学家借助天文望远镜研究天体运动，又如医生通过 X 光片为病人诊断病情。

图 1-4　天文望远镜

图 1-5　间接测量一本书每页的厚度

什么是轮转法

借轮子的滚动来测长度，如利用自行车轮测出弧形跑道的长度。长度＝轮子周长 × 轮子转动的圈数。

图 1-6　机械轮式测距仪

设计吧

1. 头脑风暴。请思考如何测量大树的高度。请各小组成员把自己的测量想法记录下来。

2. 分享思路。小组内讨论，选出本组最优的测量方法，并记录下来。

数码相机

数码相机是数码照相机的简称，又名数字式相机，是一种利用电子传感器把光学影像转换成电子数据的照相机，如图 1-7 所示。数码相机一般兼具拍照与摄像功能。扫描图 1-8 所示的二维码，可以了解数码相机的基本使用方法。

图 1-7　数码相机

图 1-8　数码相机的使用方法

几何画板

几何画板是一款既可以测量计算机屏幕上长度、面积、周长、角度等数学量，又可以用来制作动画的软件。它的图标如图 1-9 所示。扫描图 1-10 所示的二维码可以了解用几何画板分析树高的方法。

图 1-10　利用几何画板分析树高

图 1-9　几何画板的图标

比例尺

比例尺用于表示图上一条线段的长度与地面相应线段的实际长度之比。公式为：比例尺 = 图上距离／实际距离。比例尺有3种：数值比例尺、图示比例尺和文字比例尺。图1-11显示了如何利用比例尺测量铁球的直径。扫描图1-12所示的二维码，可以进一步了解比例尺的相关内容。

图1-11　利用比例尺测量铁球的直径

图1-12　比例尺的相关内容

什么是误差

一个量的观测值或计算值和它的实际值（真值）之间的差就是误差。也就是说，一个量在测量、计算或观察过程中因某些不可控制因素的影响而造成偏离标准值或规定值的数量。误差是不可避免的。

当观测值大于真值时，误差为正，表明测定结果偏高；反之，误差为负，表明测定结果偏低。在测定的绝对误差相同的条件下，待测组分含量越高，相对误差越小；反之，相对误差越大。因此，在实际工作中，常用相对误差表示测定结果的准确度。

设计大树高度测量方案

1. 借助数码相机设计大树高度的测量方案。

2. 小组合作，完成方案设计海报（其中包括人员分工、工具和步骤等）。

图1-13　照相

准备好了吗？请带上拍照工具，一起来和大树合个影吧！如图1-13所示。

要求：一人当模特，一人照相。

得到与大树的合照之后，需要把照片导入几何画板中，然后利用屏幕测量工具，测出合照中树的高度和人的高度，再根据比例尺换算得到树的实际高度，并将数据记录在表 1-1 中。

表1-1　数据表格

记录数据名称	数值
屏幕中树的高度 h	
屏幕中人的高度 r	
人的实际高度 R	
树的实际高度 H	

交流吧

小组之间的交流可以促进组内的共同进步，请各小组成员把自己的结果和处理过程加以展示，在展示过程中需要说明以下情况。

（1）小组名称和成员介绍。

（2）小组成员分工和职责介绍。

（3）如何实施测量的，得到了哪些数据。

（4）拍照的时候要注意些什么。

（5）同一张照片，测得的大树的高度是否一致。同一棵树，大树的高度是否一致。如果不一致，误差来源是什么。

（6）得到的结果和树的实际高度是否完全一致。

（7）怎样做才可以让测量结果更加准确。

图 1-14 北京自然博物馆的恐龙化石

 总结吧

1. 在拍与大树的合照时需要注意什么？

（1）_____

（2）_____

（3）_____

（4）_____

2. 为了提高测量的准确性，我们可以怎样改进测量方案？

3. 成像测量技术具有哪些优势？

（1）_____

（2）_____

（3）_____

（4）_____

拓展吧

试用成像测量技术解决一个实际问题。

图 1-14 所示的是北京自然博物馆的恐龙化石。请试着用成像测量技术看一看它有多高、有多长。

02 校园测绘

图 2-1 所示的是一幅校园平面图。在这个项目中,我们将开展校园测绘活动,最终实现教室和校园平面图的绘制。

说到校园平面图或者各种各样的平面图,大家都不会感到陌生。平面图是地图的一种,在测绘学、建筑学、图论等领域多有使用。这类图与我们的生活息息相关。有了它,你足不出户就能了解世界的模样。是不是很神奇?你是不是迫不及待地想试着绘制一幅校园平面图呢?你知道可以用哪些工具进行绘制吗?接下来,就让我们带着这个问题开始校园测绘的神奇之旅吧!

图 2-1 校园平面图

1. 树立画图表达模型的意识。
2. 体验工程测绘过程。
3. 了解测绘的基本知识与方法。
4. 能绘制教室或者学校的平面图。

什么是三视图

三视图包括正视图、侧视图和俯视图。这是工程界对物体几何形状约定俗成的一种抽象表达方式。

正视图是从正面观察一个物体得到的图形；侧视图是从侧面观察一个物体得到的图形；俯视图则是从上面观察一个物体得到的图形。图 2-2 是投影的示意图，图 2-3 展示了将立体图展开的效果，图 2-4 是所得到的三视图。

三视图的形成过程如下。
（1）投影。

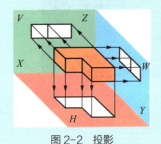

图 2-2 投影

1. 按随机原则分组（每组 3～4 人），小组协商或者自荐产生本项目的组长。
2. 确定小组的队名、队伍的口号和 logo。
3. 组长展示小组设计的海报，各小组成员介绍自己以及在小组中担任的角色。角色参照如下。

（1）组长：负责组织工作，协调各种活动，分配任务，同时协助其他组员完成任务。

（2）测量员：使用激光测距仪对建筑物加以测量。

（3）数据记录员：记录用激光测距仪测量得到的数据。

（4）绘图师：根据测量得到的数据绘制教室平面图。

注意：

（1）可自行添加角色，如设计师、数据分析员、汇报员等。

（2）组员可以一人担任多个角色。

平面图

平面图是按照正投影原理画出的水平投影图，一般要能体现出水平投影方向的展示规模、区划和构成，特别是大型展示活动的总平面图，要体现出整个展示场所或展馆的规模、方位区划、道路走向及空间构成的设计。

目测与绘制教室草图

1. 检查教室内的物品。

   （1）列出教室内的主要物品清单。

   （2）思考用什么易懂的符号表示各种物品。

   （3）思考如何标识具有一定高度的物品，如空调。

2. 目测与绘制教室草图。

测量

测量是通过选取参照标准，将待测量实物与之比较而获得数据描述的过程。测量的本质是借标准去比较。

测绘教室平面图

1. 工具参考：铅笔、橡皮、圆规、量角器、直尺、激光测距仪、卷尺等。

2. 思考下面问题，会有利于完成任务。

   （1）如何确定教室平面图的比例尺？

（2）将立体图展开。

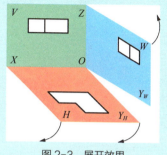

图2-3 展开效果

（3）得到三视图。

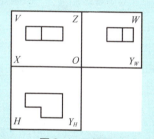

图2-4 三视图

制图标准是对图纸上各类标注、符号、索引、名称、配景等内容的制图规定。绘制教室平面图时要遵守这些规定，保证制图的质量。

那么，在绘制教室平面图时，需要添加哪些制图规定呢？

绘制校园平面图不仅要做到将校园等比例缩小，还需要在绘制的过程中注意审美与艺术性，这样才能绘制出一幅兼具实用性和艺术感的校园平面图。

绘制平面图的主要步骤包括准备必要的工具、按照比例尺等比例缩放、添加标注、上色和完善信息。

（2）哪些物品可以画入平面图？哪些不需要画入平面图？是否还有遗漏物品？

（3）如何在平面图上表示方向？

3. 设计测绘方案。

4. 测量与绘制教室平面地图。

平面图注记

平面图注记是指平面图上的标注和各种文字说明，是平面图的基本内容之一。平面图注记的设计与平面图的设计同样重要。

图例

图例是指平面图上各种符号和颜色所代表的内容与指标的说明（图2-5），通常集中位于平面图的一角或一侧，有助于更好地认识平面图。

	铁路		河流		公园
	省会		汽车站		寺庙
	山		地铁站		红绿灯
	绿地		景区		公交站
	高速公路		湖泊		公路

图2-5 图例

设计绘制校园平面图的方案

将校园划分成几个区域,小组可以绘制其中一个区域的平面图,也可以绘制整个校园的平面图。请参考下面的问题,设计绘制平面图的方案。

1. 校园的整体布局是怎样的?
2. 如何在平面图中标记某些重要内容,如绿色植物?
3. 校园平面图应该选用多大的比例尺?

校园平面图的特点

一般情况下,要用简明的线条表达清晰的路线,但是,我们在绘制校园平面图的过程中,可以加入与学校历史文化特色相关的元素,绘制出实用而精美的平面图。

绘制校园平面图

各小组合作绘制整个校园或校园某一区域的平面图,并做简单说明。请参考下面的问题,设计绘制平面图方案。

你知道现在绘制平面图的方法主要有哪些吗?你知道如何准确地测量一栋建筑物,然后构建一个三维立体的建筑模型吗?

扫描图 2-6 所示的二维码,查看如何用激光测距仪对校园建筑物进行测量。

图 2-6　激光测距仪的使用方法

1. 参考材料与工具：8K 大小的绘图纸、铅笔、橡皮、彩笔、圆规、量角器、直尺和卷尺。
2. 下面的问题可能对小组的设计有所帮助。
   （1）如何体现学校的文化和特色？
   （2）如何让所绘制的平面图与众不同？
   （3）如何利用色彩搭配反映不同的区域？
   （4）在图例设计上，如何做到清晰和易懂？
   （5）是否需要先绘制草图？
   （6）绘制步骤是怎样的？

03 人脸探秘

世界各地有许多美轮美奂的建筑，如法国的埃菲尔铁塔（图3-1）、我国的故宫（图3-2）、印度的泰姬陵……这些美丽的建筑无一不记录与传承着人类文明。动手量一量图3-1的"a"与"b"以及图3-2中的"c"与"d"的高度，并分别计算出"a/b"和"c/d"的值。你能据此猜出这些建筑视觉效果如此美的原因吗？请进一步验证你的猜想。

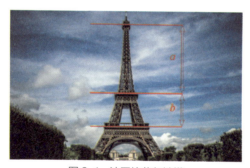

图3-1　法国埃菲尔铁塔

图3-2　北京故宫

类似地，如何评定一张人脸是否美丽？人脸上五官分布是否也存在着类似的比例？

目标导航

1. 树立黄金分割的美感意识。
2. 树立用摄像头和搜索引擎获得信息的意识。
3. 了解黄金分割和人脸黄金分割。
4. 能根据人脸黄金比例进行相关计算。
5. 能使用几何画板在现实场景中测量长度和面积。

抱团吧

1. 按随机原则分组（每组3~4人）：每位同学抽取一张卡片，抽到相同颜色（或相同号码）的为一组。
2. 小组协商或者自荐产生本项目的组长。
3. 组员自愿（或组长分配）明确自己的个人角色，角色参照如下。

（1）组长：负责组织工作，协调各种活动，分配任务，当组员遇到疑惑时，负责询问，并为小组下一步行动提供建议，同时可以协助其他组员完成任务。

（2）设计师：负责设计本组 logo 以及海报的整体设计等。

（3）数据记录员：负责记录本项目的数据等。

（4）材料管理员：负责小组资料以及材料的收集整理，协助其他同学完成任务。

注意：

（1）可自行添加角色，如摄影师、时间管理员、汇报员等。

（2）组员可以一人担任多个角色。

黄金分割

由公元前六世纪古希腊数学家毕达哥拉斯所发现，后来古希腊美学家柏拉图将其称为黄金分割。

这其实是一个数字的比例关系,即把一条线分为两部分,此时长段与短段之比恰好等于整条线与长段之比,其数值比为 1.618∶1 或 1∶0.618。0.618 具有严格的比例性、艺术性以及和谐性,蕴含着丰富的美学价值。

人脸的黄金比例

眼睛到嘴巴占脸长和双眼距离占脸宽,都符合黄金比例 38.2%。

"三庭五眼"

"三庭"指面部长度分为三等分,从发际到眉线为一庭,眉线到鼻底为一庭,鼻底以下为一庭(图3-3);"五眼"指以眼型的长度为单位,从左侧发际至右侧发际,脸的宽度分成五等分(图3-4)。

新人脸黄金分割

东方和西方的审美观念略有不同。在西方人看来,眼到嘴巴占脸长的 36%、双眼距离占脸宽的 46%;在东方人看来,眼到嘴巴占脸长的 33%、双眼距离占脸宽的 42%,这是符合人脸黄金分割的。

图 3-3 "三庭"示意图

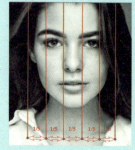

图 3-4 "五眼"示意图

所谓"颜值"的高低,是基于什么标准来判断的呢?既然是个"数值",能不能"测量"一下呢?

就亚洲人的审美而言,美女一般需要满足:瓜子小脸、五官精致。那么衡量五官位置的标准,中国人一般推崇"三庭五眼""四高三低"。

日常生活中,"三庭五眼"大家听得比较多,"三庭五眼"就指人的脸长与脸宽之间具有一定标准比例。所谓"四高"指的是:额头、鼻尖、唇珠、下巴尖高;"三低"是两眼间鼻额交界处、人中沟处以及下唇下方的小凹陷低。

图 3-5 自拍的奥秘

 设计吧

你的脸符合黄金分割比例吗

1. 借助互联网了解什么是人脸的黄金分割（图 3-5）。
2. 把自己的观测想法记录下来。

3. 头脑风暴，分享思路。小组内讨论，选出本组最优的测量方法，并记录下来。

　　直接在人脸上测量不方便，也不够准确。能否借助数码设备观测人脸黄金分割现象呢？

如何寻找组内最美面孔

1. 借助数码相机和几何画板,设计小组最美面孔测量方案(图3-6)。

2. 小组合作,完成方案设计海报(其中包括人员分工、工具、步骤等)。

有了观测方案,我们就来寻找最美面孔吧!

寻找组内最美面孔

1. 选出组内公认较符合黄金分割的人作为研究对象,利用数码相机拍摄人脸照片(注意要正面、平视拍摄),将照片导入几何画板中,利用屏幕测量工具,测量出照片的以下数据,比较他(或者她)的五官比例与符合黄金分割的人脸的差距,并记录结果。

   拍摄对象:_____   摄像师:_____

图3-6　用几何画板测量五官比例

什么是黄金分割

黄金分割(又称黄金比)隐藏在自然界、人类社会的各个方面,鹦鹉螺、帕提侬神庙、苹果公司的logo等都运用了黄金分割。国歌《义勇军进行曲》中也存在黄金分割,这首曲子连同前奏共有37小节,前后两大段落的分界线在22.8小节,两大段的长度比恰好是黄金比。其中,前一大段可分为两小段,分别有14小节和8.8小节,又成黄金比;后一大段也分成两小段,分别是8.7小节和5.5小节,也是黄金比。

真实世界中的黄金分割

生活中的门、窗、桌子、箱子、书本之类物体的长度与宽度之比近似等于0.618,就连普通树叶的宽与长之比、蝴蝶身长与其双翅展开后的长度之比也接近0.618。

高雅的艺术殿堂里自然也有黄金分割数的足迹。画家们发现,按0.618∶1来设计腿长与身高的比例,画出的人体身

眼睛到嘴巴的距离占脸长的_____

双眼距离占脸宽的_____

误差分析:_____

2. 类似地,基于几何画板找出班内"大眼妹妹/帅哥",并记录结果。

拍摄对象:_____ 摄像师:_____

眼睛的大小:左眼面积____右眼面积_____眼的平均面积_____

误差分析:_____

组间交流可以促进大家共同进步。请各组展示观测结果和处理过程。

1. 小组名称和成员介绍。
2. 小组成员分工和职责介绍。
3. 数据采集与观测情况介绍。

4. 拍照的时候要注意些什么。
5. 观测结果与研究对象的五官实际尺寸是否完全一致。
6. 怎样做才能让观测结果更准确。

 总结吧

1. 生活中还有哪些地方存在黄金分割现象？
2. 在拍照和处理数据的过程中，需要注意主要细节是：
   （1）_____
   （2）_____
   （3）_____
   （4）_____
3. 用数码设备和几何画板测量长度、面积，具有哪些优势？需要注意些什么？

 拓展吧

用数码观测技术或几何画板解决一个现实问题，比如，确定蒙娜丽莎面部是否也符合黄金分割（图3-7）。

图3-7 《蒙娜丽莎》

材最优美，而普通女性腰身以下的长度平均只占身高的 0.58，因此古希腊维纳斯女神塑像及太阳神阿波罗的形象都通过有意延长双腿的长度，使之与身高的比例为 0.618，以体现艺术美。

黄金分割在造型艺术中具有美学价值，在进行工艺美术和日用品的长宽设计时，采用这一比例能够体现美感，在实际生活中的应用也非常广泛。

舞台上的报幕员并不是站在舞台的正中央，而是偏台上一侧，以站在舞台宽度的黄金分割点的位置最为美观，声音传播得最好。就连植物界也有黄金分割的例子，从一棵嫩枝的顶端向下看，叶子就是按照黄金分割的规律排列着的。

黄金分割的例子比比皆是，只要大家留意，就会有意想不到的发现，还需要我们多加探索。

04 测量月球环形山的面积

苏轼的《阳关曲·中秋月》中有这样一句描写圆月的诗句:"暮云收尽溢清寒,银汉无声转玉盘。"每逢农历十五的夜晚,我们总能看到月亮宛如玉盘悬于天际(图4-1),美不胜收。那么,你知道月球表面的实际情况是什么样的吗?

图 4-1 夜空中的月亮

在本项目中,你需要通过检索互联网上的相关资料来了解月球表面的真实面貌,通过实物模拟分析月球表面样貌的成因,并通过屏幕测量和感受月球表面的广阔。

抱团吧

1. 按随机原则分组（3～4人）：每位同学抽取一张卡片，抽到相同颜色（或相同号码）的为一组。
2. 小组协商或者自荐产生本项目的组长。
3. 组员自愿（或组长分配）明确自己的个人角色，角色参照如下。

    （1）组长：负责组织协调组员。

    （2）科学家：负责模拟月球环形山形成的过程。

    （3）情报员：负责检索互联网上的相关资料。

    （4）工程师：负责设计测量方案并付诸实施。

注意：

（1）可自行添加角色，如摄影师、时间管理员、汇报员等。

（2）组员可以一人担任多个角色。

 目标导航

1. 树立使用搜索引擎进行数据探究的意识。
2. 了解月球环形山形成的可能原因。
3. 了解比例尺的概念，能用几何画板测量月球环形山的面积。
4. 树立减小误差的意识。
5. 树立科学诗美感的意识。

2009年6月，美国国家航空航天局（National Aeronautics and Space Administration，NASA）发射了月球勘测轨道飞行器（Lunar Reconnaissance Orbiter，LRO），该飞行器沿着绕月轨道运行，对月球的地形、环境和资源等进行勘测。之后，NASA利用该探测器返回的数据，在互联网上以视频的形式发布了月球表面真实样貌，令人震撼。

曾有一位来自NASA的女科学家通过视频展示了利用生活中的物品（如面粉、彩色糖块、可可粉和石块等）模拟月球环形山的形成过程，生动再现了一座"月球环形山"及其周围的"辐射条纹"。

图4-2　月球环形山

 观测吧

1. 在互联网上查找并观看"美国NASA实拍月球表面"的科普视频。仔细观察月球表面的形态，并记录你的发现。

2. 猜一猜月球表面的地貌是如何形成的。与小组其他成员交流你们的看法。

3. 在互联网上查找并了解月球地貌的成因，验证你的猜想。

造物吧

"人造"模拟月球环形山

用面粉模拟月球内部物质，用咖啡粉模拟月球表面，用彩色颗粒模拟月球表面的岩石，用小石块模拟陨石撞击，模拟月球环形山的形成。图4-2所示的是月球环形山的概貌。

用到的器材：浅底器皿、面粉、咖啡粉、咖啡滤网、彩色颗粒和小石块。

设计吧

如何知道某座月球环形山的实际面积

1. 头脑风暴。请记录你所想到的方案。

2. 分享思路。小组成员交流、比较不同的方案,并尝试进行完善。

   方案可改进之处:_____
   _____

3. 设计并记录最佳探究方案。
   _____
   _____
   _____

比例尺

比例尺是用来表示图上距离比实际距离缩放程度的量。

比例尺的计算公式是:图上距离 / 实际距离。例如,如果图上的 2 厘米表示实际 300 千米,则有 2cm/300km=2cm/30000000cm=1/15000000。

扫描图 4-3 所示的二维码,可以了解使用几何画板测量环形山面积的屏幕测量方法。

图 4-3 用几何画板测量月球环形山面积

环形山是怎样形成的

关于环形山的形成,有两种流行的解释。其一,月球形成不久,月球内部的高热熔岩与气体冲破表层,喷射而出,就像地球上的火山喷发。起初喷发威力较强,熔岩喷出又高又远,堆积在喷口外部便形成了环形山。后来喷发威力减小,熔岩只堆积在中央底部,堆成小山峰,即环形山中的中央峰。有的喷发熄灭较早,或没有再次喷射,就没有中央峰。其二,流星体撞击月球。1972年,有一颗大陨星撞击月球,在月球表面撞出一个足球场那么大的陨击坑。主张陨石撞击说的人认为,在距今约30亿年前,空间的陨星很多,月球正处于半融熔状态。巨大的陨星撞击月面时,在其四周溅出岩石与土壤,形成了一圈一圈的环形山。又因为月球表面没有风雨洗刷与激烈的地质构造活动,所以月面上最初形成的环形山就一直保留至今。

动手吧

1. 情报员使用搜索引擎收集关于月球环形山的信息。
2. 工程师根据已有的测量方案,结合下面的步骤,测量月球环形山的面积。

(1) 使用搜索引擎检索"月球地图",检索并保存一张合适的月面照片,并选择一座待测量的环形山。

(2) 测量月球环形山的实际面积,并将测量的数据记录下来,填入下面的记录表。

环形山的名称	屏幕测量的月球直径 D/cm	屏幕测量的面积 S/cm²	月球实际直径 /km	这座环形山的实际面积 S/km²
这座环形山的实际面积 S 的平均值				

交流吧

每个小组选派一名代表,就如下问题分享实际体会。

1. 如何能够快速找到高质量的月面照片?
2. 测量某座环形山的面积时,哪些步骤可能导致误差?
3. 怎样做可以减少问题2涉及的这些误差?

总结吧

1. 你赞成哪一种月球环形山的形成原因说法：依据是：_____。
2. 你用了_____方法测量月球环形山面积。
3. 运用这一方法，还可以解决如下科学问题：
   _____，_____，
   _____，_____。

拓展吧

科学诗

科学之中处处蕴藏着科学美。很多科学家在探索自然界奥秘的同时，心生对大自然的敬畏、赞美与感叹，写下了很多脍炙人口的诗歌，这些诗歌就是科学诗。科学诗折射出了科学家们的生活情怀和科学精神。下面是科学家沈致远先生写的一首科学诗。

月宴

等了这么久
终于盼到了水
嫦娥沏出香茗
吴刚烫好桂花酒

　　最初的几次月球探险表明，在月球表面没有发现任何水的踪迹。可是"阿波罗 15 号"的科学家却探测到月球表面有一处面积约 $259 km^2$ 的水汽团。有人辩解说这是美国宇航员废弃在月球上的两个小水箱漏水造成的。可是这么小的水箱怎能产生这样一大片水汽？这些水汽很有可能来自月球内部。月球的内部构造情况至今都是一个谜。

玉兔将刚舂好的新米

煮成香喷喷的熟饭

一起款待

来自故乡

久违的亲人

请你也试着创作一首关于月球环形山的科学诗,并和大家分享吧!

05 出租车超速了吗

在日常生活中,行驶中的汽车随处可见(图 5-1)。超速是比较常见的一种违规和危险行为。那么,你知道如何检测汽车是否超速吗?

图 5-1 雪天行驶中的汽车

在本项目中,请你打开网络搜索引擎,输入"最高限速""测量车速"等关键词,筛选有用的信息,并利用手边的设备或软件测量车辆行驶的速度。

 **目标导航**

1. 树立用常见视频软件进行科学测量的意识。
2. 了解速度的概念及其常见测量方法。
3. 了解帧的概念。
4. 能用QQ影音的截图、连拍功能处理视频。
5. 能用几何画板进行描点、长度测量以及计算。

什么是交通管理

交通管理是一个涉及公众交通安全的世界性难题，限制车速是一种简单、有效的交通管理措施，通过降低车辆在道路上的速度，可以达到保证交通安全、减少能源消耗以及降低车辆尾气排放等多重目的。

大部分国家对车速都有限制，通常为最高车速限制（有时为行车安全设立最低速度限制）。图5-2所示的是一个限速标志。

图5-2 限速标志

 抱团吧

1. 按随机原则分组（3～4人），每位同学抽取一张卡片，抽到相同颜色（或相同号码）的为一组。
2. 小组协商或者自荐产生本项目的组长。
3. 组员自愿（或组长分配）明确自己的个人角色，角色参照如下。

（1）组长：负责组织工作，协调各种活动，分配任务，当组员遇到疑惑时，负责询问，并为小组下一步行动提供建议，同时可以协助其他组员完成任务。

（2）设计师：负责设计本组logo以及海报的整体设计等。

（3）数据记录员：负责记录本项目数据等。

（4）材料管理员：负责小组资料以及材料的收集整理，协助其他同学完成任务。

注意：

（1）可自行添加角色：例如摄影师、时间管理员、汇报员等。

（2）组员可以一人充当多个角色。

速度

速度是用于描述运动快慢的物理量。测量汽车速度（简称"车速"）的方法如下：测量汽车在

某段时间 t 秒内通过的距离 s，用 s 与 t 的比值描述汽车运动的快慢。测量汽车行驶速度的工具有雷达测速仪、摄像头测速仪等。速度的计算公式为：$v=s/t$，速度的单位有 m/s、km/h 等。

帧

视频是由一张张连续的图组成的，每张图就是一帧（PAL 制式每秒 25 帧，NTSC 制式每秒 30 帧）。特殊的数码相机的帧速率可达到每秒 1000 帧甚至更多。按照这样的速度播放，鉴于视觉的暂留时间，看上去就会产生动的感觉。帧是一个概念，类似于时间。一张图的帧数越多，它在人的眼睛里停留的时间越长。

车速测量方案

小组成员讨论与设计测量车速的方案。方案包括原理与思路、测量工具、组员分工、观测步骤、数据记录表格等内容。

QQ 影音的帧播放功能

QQ 影音是一款具有播放、剪接视频等功能的软件，可以用于进行视频分析。QQ 影音播放器界面如图 5-3 所示。

如何实现速度的测量

对速度的测量可以通过以车身上固定的一点（例如前轮的中心点）为标准，在这个点的运动轨迹上选取几个点，测量该点在一段时间 t 内走过的路程 s 作比得到

$$v=s/t$$

在测量位移方面，可以利用比例尺的方法——选取图中的物体测得的长度和其实际长度之比得到图中其他距离的实际长度。

同时，由于缩放比例会随着具体物体到拍摄点的距离远近而不同，因此不妨直接选取出租车本身作为标尺。

图 5-3　QQ 影音播放器界面

单击 QQ 影音工具箱的"播放"图标，如图 5-4 所示。拖动滑块可以选取不同的帧，在界面左下角可以读出该帧的时刻，如图 5-5 所示。

图 5-4　影音工具箱

图 5-5　读帧时刻

也可使用 QQ 影音的"连拍"功能，直接将不同帧的图片合成在一张图片之上。

设计测量车速的方案

1. 借助数码相机和 QQ 影音设计测量车速的方案。

2. 小组合作,完成"出租车超速了吗"方案设计海报(其中包括人员分工、工具、步骤等)。

观测吧

1. 扫描图 5-6 所示的二维码,观看用几何画板测车速的视频,然后拍摄汽车在不同时刻的行驶视频片段。
2. 用 QQ 影音软件播放所拍摄的视频片段,用"截取"工具截取不同时刻的场景图,并将截取到的图片整合到一张图片中,如图 5-7 所示。

图 5-7　整合后的图片

误差和错误

误差是不可避免的,而错误是由不遵守测量仪器的使用规则或读取、记录测量结果时粗心等原因造成的。所以,误差和错误是两个完全不同的概念。

图 5-6　用几何画板测车速

测量车速的方法有哪些

测量车速的方法有很多，如线测速、视频测速、雷达测速和声波测速。

1. **线圈测速**。这种方法比较经典，检测效果也不错。根据车辆经过平行线圈的速度来判断是否超速，并摄像取证。

2. **视频测速**。这种方法通过对连续视频图像的分析，跟踪违章车辆行为的过程，通过分析控制拍照进行违章抓拍。其优点是不受路面情况限制，仅需在路面下埋设感应圈，通过在道路上方架设摄像头来检测交通数据，是新一代的道路车辆检测方式。

3. **雷达测速**。这种方法是根据接收到的反射波频移量的计算得出被测物体的运动速度。

4. **声波测速**。这种方法主要利用了超声波测距原理：通过超声波发射装置发出超声波，根据接收器接到超声波时的时间差，就可以知道距离。

3. 用几何画板测量汽车在不同时刻的位置变化。
4. 利用比例尺计算出租车的实际速度。

交流吧

1. 各小组分头整理数据，并派代表汇报测量结果。
2. 进行交流与评价，并回答下列问题。
   （1）应该怎样拍摄照片？
   _____
   _____

   （2）测量中哪些步骤会造成误差？
   _____
   _____

   （3）可以通过哪些方式来减小这些误差？
   _____
   _____

3. 请对自己以及各位小组成员的表现给出评价。

 **拓展吧**

请尝试用几何画板和 QQ 影音软件解决一个你感兴趣的科学问题（如汽车启动、小球下落、树叶飘落等）。

06 血滴侦探

20世纪90年代,美国罗得岛州沃里克小镇(图6-1)发生过一桩灭门惨案。当地警方请来美国物证鉴识专家李昌钰协助侦破。经过细致勘察,李昌钰根据现场遗留血滴的形状找出了凶手。

图6-1 沃里克小镇

李昌钰通过缜密的现场观察、科学分析和技术处理(图6-2和图6-3)之后,迅速锁定居住在小镇上的嫌疑人。整个案件的侦破让人惊叹,其中血滴证据的推理成了一个彰显科学魅力的经典案例。那么,李昌钰是如何利用凶手留下的血滴破案的呢?

图6-2 血脚印实验

图6-3 步长实验

抱团吧

1. 六、七年级学生，按随机原则，每3～4人组成一个侦查小分队。
2. 小组协商或者自荐产生本项目的组长。
3. 组员自愿（或组长分配）明确自己的个人角色，具体的角色分工如下。

（1）组长：汇总组员的信息及数据，协调组员的各项工作，交流中做主体汇报。

（2）侦查员：现场取证，数据收集。

（3）技术人员：利用实际数据，应用信息技术拟合出关系曲线。

注意：

组员可以一人担任多个角色。

目标导航

1. 树立通过实物模拟科学方法解决问题的意识。
2. 了解血滴形态与其下落高度关系的研究方法。
3. 掌握采集数据和分析处理数据的技能。

谁是李昌钰

美籍华裔李昌钰被誉为"当代福尔摩斯""犯罪现场重构之王"与"犯罪克星"。

很多看似不可能破解的案件在他敏锐的洞察下迎刃而解。他遵循"让证据说话，对历史负责"的宗旨，参与侦破了8000多件国际重大刑事案件，其骄人的政绩不仅令世界警界瞩目，也是全世界华人的骄傲。

血液

如图6-4所示，血液是流动在人的血管和心脏中的一种不透明的红色液体。成人的血液相对密度为1.050～1.060，pH为7.3～7.4。血液的主要成分为血浆、血细胞以及各种营养成分，如无机盐、氧、细胞代谢成分、激素、酶、抗体等，有营养组织、调节器官活动和防御有害物质的作用。

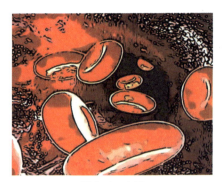

图 6-4 血液

科学实验

科学实验是人们为实现预定目的,通过干预和控制,反复再现科研对象,反复观察和探索科研对象规律的一种研究手段。它是人类获得知识、验证知识的一种实践形式。科学实验和科学观察一样,也是搜集科学事实、获得感性材料的基本方法,同时也是检验科学假说,形成科学理论的实践基础。科学实验中多种仪器的使用,使获得的感性材料更丰富、更精确,且能排除次要因素的干扰,更快揭示出研究对象的本质。

血迹能够说明案发时血滴下落的快慢、伤口的部位等情况,往往能够帮助警察还原案件真相。根据现场侦探,李昌钰能够判断出血滴是从凶手身上滴下的,但是从哪个部位滴下、罪犯的身高是多少等问题则需要通过血滴实验加以进一步验证(图6-5)。

06 血滴侦探

图 6-5 血滴实验

如何确定血滴下落的高度

1. 头脑风暴。请思考下列问题,并产生问题解决思路。

   (1)血滴滴落到地上为什么是圆的?

   (2)怎样选择红墨水的浓度才能使实验更精确?

   (3)怎样利用 Excel 处理数据?

2. 分享思路。小组内讨论,选出本组最优的测量方法,并记录下来。

那么,如何通过血滴直径判断一个人的身高呢?

感性材料和血痕

1. 感性材料。通过视觉、听觉等感官手段从现实生活中获得的材料,是产生理性材料的基础。

2. 血痕。血滴从一定高度落下时呈滴状(图6-6)。从0.1m以内的高度落到地面时呈现圆形滴状,其边缘光滑或稍带锯齿状;从1.0m高度落下时,往往在圆滴的周围溅出豆点状或者线条状的小血痕。

图 6-6 滴状血痕

除了滴状血痕,还有流柱状血痕(图6-7)、喷溅状血痕和擦拭状血痕。这些均可作为刑侦的决定性证据。

图 6-7 流柱状血痕

一分钟断案

古时候,铅山县有一个农民吃了鳝,突然肚子痛,一会儿就死了。邻居怀疑农民的妻子毒死了丈夫,就报了官。县官听了以后,就开始细审这个案子。几天后,县官没有治农妇的罪,却召来几个渔民捕鳝,并让他们将捕来的数百斤鳝放到水瓮里。有7条鳝从水里昂起头两三寸。据此,县官判定妇人无罪,还她以清白。

请问县官是凭什么判妇人无罪的?

【参考答案】有毒的这种叫蛇鳝(图6-8)。辨别蛇鳝和普通鳝的方法是:捕到鳝时,将其放到水瓮中,夜里用灯照它,脖子下有白点的、昂起头浮在水上的,就是蛇鳝。

图6-8 蛇鳝

再设计

设计血滴探案方案

请阅读美国罗得岛州沃里克小镇血案和学习的相关知识,搜索关于血滴直径的文件、图片和视频资料,设计出探究身高与血滴面积大小的科学实验。

(1)模拟案发现场及血滴下落环境。

(2)配置符合要求的"血液"。

(3)应用现有工具测量相关数据,改变滴落环境进行多次测量,收集不同高度的多组数据。

(4)利用采集的数据进行数据输入及拟合,找出规律,总结实验结果。

实验吧

材料与仪器:多媒体网络机房/每组一台计算机,每组一套实验工具(滴管、调好浓度的红墨水/颜料,直尺/卷尺、坐标纸等),如图6-9所示。

图6-9 部分实验器材

探究血滴面积与下落高度关系的实验,记录数据并填入表6-1。

表6-1 实验记录

下落高度/(h/cm)					
血滴面积/(s/cm²)					

 交流吧

1. 小组之间交流可以促进组内的共同进步,请每个小组展示自己的结果和处理过程,在展示过程中请说明以下内容。

   (1)小组的名称和成员介绍。

   (2)小组成员分工和各自的职责。

   (3)在实验中经历了哪些步骤?得到了哪些数据?

   (4)对得出的数据如何处理?如何分析?得出的结论是什么?

   (5)实验中的误差来源是什么?

   (6)还有什么因素会影响实验结果?如何

自制血浆

在容器中放入适量的红药水,加入温水(不要很多,一点儿即可),搅拌,再加入增加黏稠度的蜂蜜(或糖浆),调整至成人的血液相对浓度。

身高与步长的关系

1. 用卷尺测量正常行走时两只脚之间的距离 L(图6-10)。

图6-10 行走

2. 用卷尺测量出站立时的身高 H(图6-11)。

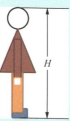

图6-11 站立

3. 找一个比你个子高的同学，请他按照正常的步伐行走，重复步骤1和步骤2。

4. 找一个比你个子矮的同学，请他按照正常的步伐行走，重复步骤1和步骤2。

你能从记录数据中发现什么规律吗？如果知道某个人的一个步长，你能据此推断出这个人的身高吗？

改进？

图 6-12 和图 6-13 所示的是用 Excel 拟合出的数据图像。

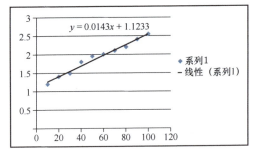

图 6-12　数据图像一

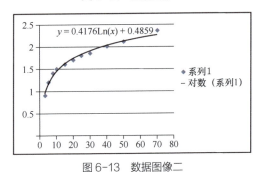

图 6-13　数据图像二

2. 评一评：你最喜欢哪个小组的作品？

总结吧

1. 身高与血滴面积的关系是_____。
2. 血液的成分是_____，成人血液的相对浓度为_____。
3. 在进行数据处理时，利用了 Excel 中的_____功能得到拟合图线。

 拓展吧

血滴的大小和形状各异,请思考影响血滴滴落后形态的因素,并利用本节课所学的方法进行测量和交流。

07 金鱼吐泡泡

你知道金鱼为什么会吐泡泡吗？金鱼吐泡泡（图7-1）其实是缺氧的表现，俗称浮头。一旦缺氧，金鱼就会浮到水面，嘴巴一张一翕的，有时还能发出"吧嗒""吧嗒"的声音。

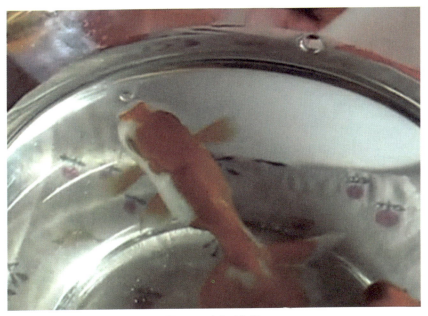

图7-1 金鱼吐泡泡

那么，金鱼为什么会吐泡泡？泡泡在水中经历了怎样的变化？为什么会发生这样变化？下面我们将一一解答这些问题。

抱团吧

1. 按随机原则分组（3～4人）：每位同学抽取一张卡片，抽到相同颜色（或相同号码）的为一组。
2. 小组协商或者自荐产生本项目的组长。
3. 组员自愿（或组长分配）明确自己的个人角色，角色参照如下。

  （1）组长：负责组织工作，协调各种活动，分配任务，当小组活动遇到疑惑时，负责询问，并为小组下一步行动提供建议，同时可以协助其他组员完成任务。

  （2）设计师：负责设计本组 logo 以及海报的整体设计等。

  （3）记录员：负责记录讨论内容等。

  （4）材料管理员：负责小组资料以及材料的收拾整理，协助其他同学完成任务。

注意：

  （1）可自行添加角色，如摄影师、时间管理员、汇报员等。

  （2）组员可以一人担任多个角色。

4. 小组讨论金鱼吐出气泡在水中会如何变化？

目标导航

1. 树立用视频分析法解决问题的意识。
2. 了解液体内部的压强与所在液体深度有关的知识。
3. 能借助数码相机和QQ影音软件实现细致观察。
4. 能用几何画板记录与分析所观察的数据。

液体的压强

  液体的压强随深度的增加而增大，由此可知潜水的深度不同，需要的装备也不同。

  只穿泳衣潜水，一般只能下潜几米；戴着氧气瓶和穿着普通潜水服，可下潜 20～30 米；穿着抗压服并背着氧气瓶潜水，可下潜到 500 米甚至更深的地方。

压强

液体对容器底、容器内壁以及液体内部各个方向都有压力（图 7-2 和图 7-3），称为液体内部的压强。

图 7-2　液柱底部有压力　　　　图 7-3　液柱四壁有压力

液体压强的计算公式为 $P = \rho g h$，其中，ρ 是液体密度，单位是 kg/m^3；$g = 9.8 m/s^2$；h 是深度，指液体自由液面到液体内部某点的竖直距离，单位是 m。

 探究吧

命题证伪：小金鱼吐的气泡上升且变小

1. 头脑风暴。思考：需要用哪些实验器材进行模拟？如何进行模拟实验证伪？
2. 分享思路。小组讨论，选出本组最优的实验方法，据此设计证伪方案。请列出所用的实验器材，并简述实验方法和步骤。

   _____
   _____
   _____
   _____

3. 实物模拟证伪。思考：观察的困难在哪里？关于气泡大小变化的正确结论是什么？

数码相机的高速摄像功能

先来介绍"帧数"(帧率)的定义。帧数(fps)是指数码相机每秒记录的画面数(frame per second)。

现在的数码相机功能都非常强大,是进行数据探究强有力的工具。请参考图 7-4 所示的操作步骤,设置数码相机的高速摄像功能。

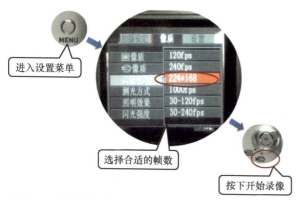

图 7-4　高速摄像功能的设置(以卡西欧 EX-FH100 为例)

QQ 影音的截取、连拍和截屏功能

打开 QQ 影音软件 ，单击右下角的图标 ，打开"影音工具箱"面板,选择需要的工具,如图 7-5 所示。

图 7-5　"影音工具箱"

图 7-6　数码相机和 QQ 影音软件的使用技巧

图 7-7　用几何画板分析气泡大小

其中,"截图"工具可用于截取视频中的任意一帧（一张图片）,"连拍"工具可用于按一定时间间隔截取一系列图片,"截取"工具可用于截取有用视频。混合使用这三个小工具,可以得到有效视频数据。

扫描图 7-6 所示的二维码,可以观看数码相机和 QQ 影音的使用技巧操作的视频。

扫描图 7-7 所示的二维码,可以观看如何用几何画板分析气泡大小的视频。

量化证伪再设计

1. 针对前文提到的实物模拟证伪方案,设计出基于数码相机精细观察方案（尝试使用 QQ 影音、几何画板等软件工具）。
2. 实施再设计方案。
3. 交流以下问题。

（1）测量时哪些步骤会造成误差?

（2）可以通过哪些方式避免或减小这些误差?

（3）气泡是如何变化的? 气泡的运行轨迹是怎样的?

 总结吧

1. 图 7-8 所示的 4 幅金鱼吐泡图中,气泡形状最科学的是(　　)

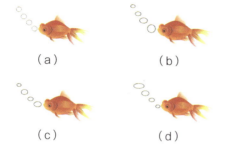

图 7-8　金鱼吐泡

2. 液体内部压强与_____有关。

拓展吧

认真观察图 7-9,思考水在沸腾前和沸腾时,水中气泡形态的变化情况,是图 7-9a,还是图 7-9b?

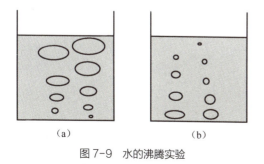

图 7-9　水的沸腾实验

08 感受虚拟仿真世界——物体的浮沉

以前的科学家主要借助实物实验或者数学工具来研究自然现象（图8-1）。由于现代科学研究对象具有复杂性和不确定性，科学家开始借助计算机，从一些模拟世界中总结出科学规律（图8-2）。物体的沉浮是生活中常见的自然现象。你能借助虚拟仿真软件Algodoo，进一步探究物体沉浮的奥秘吗？

图8-1 伽利略斜面实验

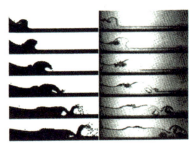

图8-2 计算机仿真实验与真实实验对比

抱团吧

1. 按随机原则分组（3～4人）：每位同学抽取一张卡片，抽到相同颜色（或相同号码）的为一组。
2. 小组协商或者自荐产生本项目的组长。
3. 组员自愿（或组长分配）明确自己的个人角色，角色参照如下。

（1）组长：负责组织工作，协调各种活动，分配任务，当小组活动遇到疑惑时，负责询问，并为小组下一步行动提供建议，同时可以协助其他组员完成任务。

（2）设计师：负责设计本组 logo 以及海报的整体设计等。

（3）记录员：负责记录讨论内容等。

注意：

（1）可以自行添加角色，如摄影师、时间管理员、汇报员等。

（2）可以一个人担任多个角色。

4. 小组讨论：物体在水中的沉浮，是跟物体的材质有关，还是跟物体的体积有关？
5. 小组分工合作，在互联网上搜索以下 Algodoo 的相关信息。

（1）中文名：_____
（2）国家：_____
（3）公司：_____

目标导航

1. 树立使用高虚拟仿真软件进行科学研究的意识。
2. 了解冰、木块等在水中的浮沉状态。
3. 了解物体的浮沉与物体的材质有关的知识。
4. 体验仿真软件Algodoo，了解其科学研究价值。

小实验

1. 找一块冰块、一块木块、一块玻璃和一个实心金属块，准备一个足够大的透明容器（能装下冰块、木块、玻璃和实心金属块）。
2. 向容器内装入足量的水。
3. 用手将冰块、木块、玻璃和实心金属块分别浸没在水中，然后释放。
4. 观察冰块、木块、玻璃和实心金属块在水中的上浮和下沉情况，并加以记录（"上浮"或"下沉"）。

（4）诞生年份：_____
（5）前身：_____

高虚拟仿真软件 Algodoo

虚拟仿真实验软件有很多，大致分为两类：一类用于简单描述实验现象的虚拟仿真实验；另一种是依托计算机、完全按照科学规律运算的高虚拟仿真实验。后者可以用来发现科学规律，解决科学问题。Algodoo 就是一种高虚拟仿真软件。图 8-3 所示的是 Algodoo 界面。图 8-4 所示的是 Algodoo 桌面图标。

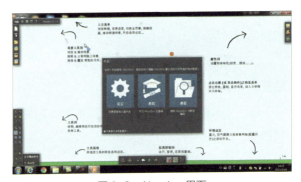

图 8-3 Algodoo 界面

图 8-4 Algodoo 桌面图标

高虚拟仿真实验

目前，科学家在许多复杂现象领域都能进行高虚拟仿真。这种高虚拟仿真实验是科学家探索未知世界的有力武器。图 8-5 所示的就是水滴高虚拟仿真实验。

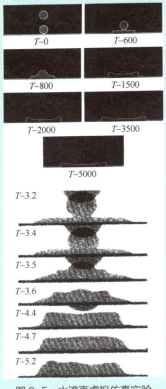

图 8-5 水滴高虚拟仿真实验

感受虚拟仿真世界——物体的浮沉

如何判断 Algodoo 是一个高度仿真的软件？

1. 头脑风暴。设计一个的解决方案（包括目标、原理、材料、流程、交流与评价等）。

2. 分享思路。小组内讨论，选出最优的解决方案。

用 Algodoo 软件研究物体沉浮现象

1. 打开 Algodoo 软件，在左上方菜单中选择"档案"→"新建场景"，如图 8-6 所示。

图 8-6　Algodoo 新建场景

小技巧

　　在创建容器画线时，长按 Shift 键和鼠标左键，并移动鼠标，转弯时松开 Shift 键，鼠标左键仍按着不动，这样可得到形状平滑规则的容器。

2. 选择"画笔"工具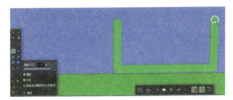，创建一个容器，约 2m 宽，如图 8-7 所示。

图 8-7　Algodoo 创建容器

3. 在容器内画一个较大的矩形物体，选中物体并单击鼠标右键，然后在弹出的菜单中选择"液化所选物体"，进行虚拟仿真，使液体注满容器，如图 8-8 所示。

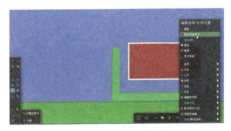

图 8-8　液化所选物体

4. 暂停虚拟仿真，选择"画圆"工具，在水面上方绘制 4 个相同的圆形小球，如图 8-9 所示。

图 8-9　绘制 4 个相同的圆形小球

5. 给圆形小球设定不同的材质,如"玻璃""黄金""冰""木头"等,如图 8-10 所示。

图 8-10　给圆形小球设置不同材质

6. 预测圆形小球的浮沉并进行模拟仿真,完成实验。

扫描图 8-12 所示的二维码,观看基于 Algodoo 软件的浮沉实验的视频。

如何设置物体的特性

可以在软件界面右上角的"属性列"处直接设置物体的特性,如图 8-11 所示。

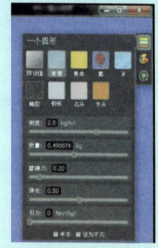

图 8-11　"属性列"

图 8-12　基于 Algodoo 软件的浮沉实验

交流吧

各小组选派代表,汇报解决问题的过程,并回答下列问题。

1. 解决问题过程中主要用了哪些途径和方法?哪种方法更好?
2. 交流问题解决过程中得到了哪些经验或者教训。

PhET 网站

PhET 网站由诺贝尔奖获得者卡尔·威曼于 2002 年创立。谈到创立 PhET 的初衷，威曼表示他在多年的研究生涯中常常遇到的一种情况是，很多新研究生往往对物理实验无从下手。他感到传统课堂有很大的问题，因此决心创办 PhET。

PhET 鼓励孩子进行探究式学习，激励他们在直观和游戏化的环境中进行探索和发现。图 8-13 所示的是 PhET 网站首页。

图 8-13 PhET 网站首页

由实物实验和虚拟仿真实验可知，木块和冰块在水中由静止状态释放，它们将_____（填"上浮"或"下沉"）；玻璃和金块在水中由静止释放，它们将_____（填"上浮"或"下沉"）。

1. 请利用 Algodoo 虚拟仿真软件，模拟一个生活中其他问题。
2. 在 PhET 网站中搜索一些高仿真虚拟实验，并探究相关科学问题。

09 暴走迷宫

迷宫是一种内部充满复杂通道的神奇建筑物，人们很难找到从入口到达中心或从其内部到达出口的通道，如图9-1所示。迷宫的形式多种多样，是一种有趣的游戏。那么，你能用Algodoo软件制作一款光路迷宫游戏吗？

图9-1　有趣的迷宫

 **目标导航**

1. 树立"游戏是一种重要的学习方式"的观念。
2. 了解迷宫的历史和设计。
3. 理解光反射的特点。
4. 能用Algodoo制作迷宫和平面镜。
5. 能使用Algodoo的基本文字功能。

 抱团吧

1. 按随机原则分组（3～4人）：每位同学抽取一张卡片，抽到相同颜色（或相同号码）的为一组。
2. 小组协商或者自荐产生本项目的组长。
3. 组员自愿（或组长分配）明确自己的个人角色，角色参照如下。

（1）组长：负责组织工作，协调各种活动，分配任务，当组员遇到疑惑时，负责询问，并为小组下一步行动提供建议，同时可以协助其他组员完成任务。

（2）设计师：负责设计本组 logo 以及海报的整体设计等。

（3）记录员：负责记录讨论内容等；

注意：

（1）可自行添加角色，如摄影师、时间管理员、汇报员等。

（2）组员可以一人担任多个角色。

迷宫

迷宫的英文单词 labyrinth 来源于希腊文 λαβύρινθος，由拉丁文转写为 labyrinthos。

古希腊神话中最早的迷宫，是由名匠代达罗斯为克里特岛的国王设计的，名为"米诺斯迷宫"，如图9-2所示。这座迷宫用来囚禁国王的儿子——

半人半牛的怪物。代达罗斯（图9-3）建造了这座迷宫，建好的迷宫异常精巧，甚至连他本人也几乎无法从中走出。

图9-2 米诺斯迷宫

后来的很多迷宫都效仿了"米诺斯迷宫"。图9-4所示的是四川省自贡市的"中国玫瑰海"迷宫。

图9-4 四川自贡的"中国玫瑰海"迷宫

近年来，又出现了很多不同寻常的游戏型迷宫，具有情景式体验和游戏互动功能（图9-5所示的镜子迷宫）。

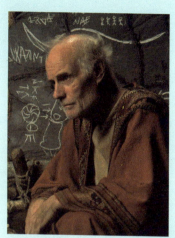

图9-3 希腊神话中名匠代达罗斯（Daedalus）

世界上著名的迷宫

1. 世界上最大的植物迷宫——法国尼亚克迷宫，里面种了向日葵。农民们每年都会重新设计播种，所以每年都是一个全新的迷宫。

2. 最古老的树篱迷宫——英国的汉普顿宫迷宫，建于1689年。

3. 最复杂的迷宫——意大利皮萨尼别墅花园迷宫，传说拿破仑也曾在此"迷路"。

4. 最独特的迷宫——法国沙特尔圣母大教堂的螺旋形迷宫，它将中殿分成3/4开间，呈圆形，内外共有12圈，最后抵达中心玫瑰花似的终点。

图 9-5 镜子迷宫

光的反射

光照到一个物体上面会发生反射现象。如图 9-6 所示,用一支激光笔发出光线 EO,在镜面上发生反射之后,会沿着 OF 射出光线,如果过 O 点作镜面的垂线 ON,则 i 角与 r 角的值一直相等。

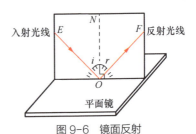

图 9-6 镜面反射

上述光反射现象也称为镜面反射。图 9-7 所示的是三束激光的镜面反射。扫描图 9-8 所示的二维码,可以观看用 Algodoo 软件进行镜面反射实验的视频。

图 9-8 用 Algodoo 软件进行镜面反射实验

图 9-7 三束激光的镜面反射

 设计吧

设计光路迷宫游戏方案

1. 头脑风暴。小组成员分享自己所设计的光路迷宫游戏方案:

2. 分享思路。小组内部讨论,选出本组最优的方案,并且画出草图。

 实验吧

制作光路迷宫游戏

1. 用 Algodoo 软件做一束光线和平面镜,令光线斜射到平面镜上,观察光线的反射是否符合镜面反射规律,如图 9-9 所示。

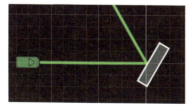

图 9-9 用 Algodoo 软件进行镜面反射实验

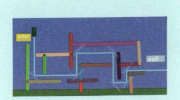

图 9-10　用 Algodoo 软件制作光路迷宫

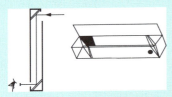

图 9-11　潜望镜成像光路图

2. 如图 9-10 所示，用 Algodoo 软件制作光路迷宫，要求如下。

（1）使用 Algodoo 软件画笔、镭射灯等工具试验。

（2）如图 9-11 所示，用镭射灯在入口处发射激光束，在通道中放置平面镜，调整平面镜角度，使得激光束经过多次反射之后从迷宫的出口处射出。

（3）平面镜的折光指数设为无穷大。

（4）制作光路迷宫的使用文字说明，比如入口和出口、限制所用的平面镜数量，等等。

交流吧

1. 扫描图 9-12 所示的二维码，观看视频，并交流用 Algodoo 软件制作迷宫的过程中遇到了哪些问题？
2. 如何用最少的"平面镜"走出迷宫？请分享一下你的经验。
3. 与他人分享你的作品，看看能不能顺利走出迷宫。
4. 评选"最复杂迷宫"和"最有创意迷宫"。

图 9-12　用 Algodoo 软件制作迷宫

总结吧

1. 用 Algodoo 软件制作平面镜时，将玻璃的_____设为_____，可将玻璃变为平面镜。
2. 光发生反射时，反射角_____入射角。
3. 反思光路迷宫游戏设计与制作过程，有何其他收获?

拓展吧

如图 9-13 所示，可以用 Algodoo 软件制作类似场景游戏，请尝试用 Algodoo 软件开发一款更有意思的迷宫游戏吧!

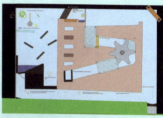

图 9-13　用 Algodoo 软件制作类似场景游戏

10 你的手指反应有多快

在日常生活中,你经常使用键盘吗?就像图 10-1 所示的这样。在电子竞技游戏中,许多玩家的制胜法宝就是异常灵敏的手指反应。

图 10-1 按键盘

每个人的手指反应时间不同,有的快,有的慢。那么,你的手指反应有多快?如何测定自己的手指反应时间呢?

抱团吧

1. 按随机原则分配（3～4人）：每位同学抽取一张卡片，抽到相同颜色（或相同号码）的为一组。
2. 小组协商或者自荐产生本项目的组长。
3. 组员自愿（或组长分配）明确自己的个人角色，角色参照如下。

　　（1）组长：负责组织协调组员的"组织者"，并保证活动有序进行。

　　（2）时间管理员：记录时间，保证各项活动在规定时间内完成。

　　（3）设计师：负责设计本组 logo 以及海报的整体设计等。

　　（4）材料管理员：负责小组资料以及材料的收拾整理，协助其他同学完成任务。

 游戏吧

谁最后被淘汰

同学们按小组一起来玩一个小游戏：萝卜蹲。

游戏规则：4位同学扮演萝卜（红萝卜、白萝卜、黄萝卜和绿萝卜），按口令做出蹲下和站起的动作。

目标导航

1. 树立反应时间意识。
2. 能用Scratch编写和测定机械连续按键反应时间的程序。
3. 能用Excel的求差、求平均值、最大值及最小值方法处理数据。

小知识

人类不同感觉通道的反应时间如下。

1. 触觉：117~182ms。
2. 听觉：120~182ms。
3. 视觉：150~225ms。
4. 冷觉：150~230ms。
5. 温觉：180~240ms。
6. 嗅觉：210~300ms。
7. 味觉：308~1082ms。
8. 痛觉：400~1000ms。

小实验

两两合作，A同学握住尺子上端，保持尺子垂直，并随时准备松手。松手时应保持自然、不用力。B同学将手放在尺子下端，拇指和食指间隔一定空间（约为尺宽），准备随时捏住尺子（图10-2）。指端上沿正对着尺子0刻度的起点，随时观察上面的同学放手。一观察到，第一时间用手捏住下落中的尺子。请观察记录手指的上沿的刻度。

图 10-2 反应时间的测定

注意： 读出的刻度读数越小，说明反应时间越短，反应速度越快。

选 1 位同学做发令员，有节奏地发出指令：例如"红萝卜蹲，绿萝卜蹲，白萝卜蹲完，绿萝卜蹲，……"。

被叫到颜色的"萝卜"必须下蹲，迟疑者或者蹲错者将被淘汰。最后留下的同学就是优胜者。其他同学都是裁判员，监督做错动作的"萝卜"。

来吧，看看谁的反应又快又准确。

反应时间

反应过程是指从刺激的呈现到机体做出反应的过程。反应时间则是指从刺激施于有机体到机体出现反应所需要的时间。反应时间体现了人体神经与肌肉的协调性和快速反应能力。

反应过程包括如下 4 个环节。

（1）刺激引起感受器（人耳、人眼）活动，即接收信息环节。

（2）信息通过神经传给大脑（中央处理器），即信息传递环节。

（3）中央处理器（人脑）做出分析判断，即信息加工环节。

（4）将处理结果由大脑传递给执行机构（四肢等），即做出反应环节。

以上 4 个环节构成了整个的反应过程，各环节的时间之和就是反应时间。

对于简单的刺激，不需加以选择和区分，只

需做出简单反应时，普通人的反应时间在 0.2 秒左右，经过训练的运动员也不会低于 0.1 秒。

 设计吧

如何测定手指的反应时间

1. 头脑风暴：把自己的想法记录下来。

2. 分享思路。小组内讨论，选出最可行的办法，并记录可行的方案。

Scratch 编程软件

Scratch 是一款图形化编程软件，该软件利用图形化界面实现控制、动画、事件、逻辑、运算等编程操作。

登录 Scratch 官网，可以下载该软件，解压缩并安装成功后，双击桌面的 Scratch 图标（图10-3），就可以启动 Scratch 软件了。

图 10-3　Scratch 图标

图 10-4 编程：测一测你的手有多快

实验吧

用 Scratch 编写一个小程序，测定手指机械连续按下空格键的反应时间（扫描图 10-4 中的二维码，观看教学视频）。

1. 设计测定按键反应时间的程序。每按下空格键（或其他键）时，计时器便记录下当时的时刻，并加入已经设定好的时间链表中，相邻两次时间数据之差即为连续按键反应时间。

2. 制作简单的测定按键速度的程序（界面如图 10-5）。

   （1）新建"时间"链表。

   （2）单击绿旗图标，计时器归零，删除"时间"链表全部项。

   （3）按下空格键，将计时器加入"时间"链表中。

图 10-5 Scratch 界面

3. 数据采集：测试小程序。超过 200 次了吗？最快一次是多长时间？最慢一次是多少时间？

4. 数据处理——导出数据，如图 10-6 所示。

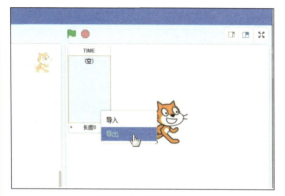

图 10-6　导出数据

5. 数据分析——使用 Excel 对数据进行整理。扫描图 10-7 所示的二维码，观看教学视频。

　　打开 Excel，建立数据表头，把 TXT 文件数据粘贴到表格中，利用 Excel 强大的分析功能计算反应时间，用平均值函数（AVERAGE）求平均值、用最大值函数（MAX）求最大值、用最小值函数（MIN）求最小值，并绘制反应时间散点图。

6. 汇总数据。测出小组内每个组员 30 秒内的按键次数，记录 3 次实验结果，取三值数据（平均值、最大值和最小值），再汇总各个小组的数据得出全班数据，最终得出全班的三值数据，并设计表格加以记录。

　　除了可以使用 Scratch 软件测定机械按键反应时间，可以测试视觉反应时间和听觉反应时间，并对你的感官反应速度进行测定与分析，还可以借助 Scratch 传感器板探究更多的科学现象。

图 10-7　用 Excel 处理数据

7. 分析数据，得出结论。经过多次实验，看看按键速度是否保持不变？据此能够得到什么结论？

 交流吧

各小组展示自己的结果，并探讨在实现过程中的心得。提纲参考如下：

1. 小组的名称和成员。
2. 如何进行合作？
3. 简述小组的成功之处。
4. 简述设计过程。
5. 得到了哪些数据和结果？
6. 如何看待多次实验结果？
7. 结论是什么？

 总结吧

1. 下列哪些因素可能影响按键反应速度？
   A. 训练次数
   B. 刺激的类型
   C. 刺激的强度

D. 刺激的呈现方式

　　E. 刺激的复杂程度

　　F. 被试的心理准备状态

2. 数据会有一定的误差，如何减小误差？

　　（1）_____

　　（2）_____

3. 还有哪些地方需要改进的？

　　（1）_____

　　（2）_____

拓展吧

1. 人的视觉和听觉也有一定的反应时间，可以借助反应时间测定仪（图10-8）来测定。互联网上也有一些反应时间测定小游戏，感兴趣的同学可以试一试。

2. 用所学的Sratch编程知识和Excel处理数据的方法，设计一个投票表决器。

图10-8　反应时间测定仪

11 3D 照片 DIY

《功夫熊猫》3D 立体电影一经放映,就吸引了无数人的眼球。那么,立体电影是怎么制作的呢?

下面请通过小组合作的方式拍摄与制作 3D 图片,并尝试设计制作 3D 眼镜。

抱团吧

1. 按随机原则分组（3～4人）：每位同学抽取一张卡片，抽到相同颜色（或相同号码）的为一组。
2. 小组协商或者自荐产生本项目的组长。
3. 组员自愿（或组长分配）明确自己的个人角色，角色参照如下。

（1）组长：负责组织工作，协调各种活动，分配任务，当组员遇到疑惑时，负责询问，并为小组下一步行动提供建议，同时可以协助其他组员完成任务。

（2）设计师：负责设计本组 logo 以及海报的整体设计等。

（3）数据记录员：负责记录本项目数据等。

（4）材料管理员：负责小组资料以及材料的收拾整理，协助其他同学完成任务。

注意：

（1）可自行添加角色，如摄影师、时间管理员、汇报员等。

（2）组员可以一人担任多个角色。

目标导航

1. 了解3D照片立体显示的原理及其观看方法。
2. 能制作红蓝3D眼镜。
3. 能借助i3DPhoto软件制作3D照片。
4. 体验数字化工程思维与方法。

红蓝眼镜

这是一种简易的立体视觉眼镜，左右镜片分别由蓝色胶片和红色胶片做成，如图 11-1 所示。

图 11-1 红蓝眼镜

下面用这种红蓝眼镜观察一部立体影片。

观察与提问

1. 裸眼观看 3D 影片《小恐龙》，记录你的感受。
2. 戴上红蓝眼镜，观看上述影片，记录你的感受。
3. 提出问题，比一比，看谁提出的问题多。

视觉

用眼睛观察物体时，在视网膜上形成的像会传导到后脑，大脑综合后脑信息产生物体的感觉就是视觉。

视差

视差就是从有一定距离的两个点上观察同一个目标所产生的方向差异。成年人的双眼大约相隔 6.5cm，交替睁开与闭合左右眼，会发现所看到的物体会发生位移，这就是视差的直观感受。视差辨别远近、产生立体视觉的原理如图 11-2 所示。

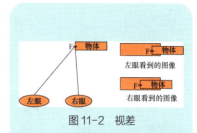

图 11-2　视差

盖笔帽

1. 两人一组，其中一名同学用一只手捂住任意一只眼睛，另一名同学在其眼睛前方能触及的距离拿出一只签字笔，并将笔帽递给同伴，请捂住眼睛的同学试着将笔帽盖到签字笔上。再睁开眼睛，试着将笔帽盖到签字笔上。
2. 两人互换角色，再进行一次实验。
3. 讨论哪种情况容易将笔帽盖回去。

3D 眼镜的起源

3D 眼镜的发明要追溯到 19 世纪初。英国科学家查理·惠斯顿爵士发明了第一副 3D 眼镜，他根据"人类两只眼睛成像不同"的原理，让人们的左眼和右眼在看同样图像时产生不同效果，这就是 3D 眼镜的制作原理。

3D 电影的制作原理

3D 电影是利用双眼视差原理拍摄而成的。如果根据影片的情节引入烟雾、雨、气泡、气味等模拟效果，3D 电影就变成了 4D 电影。

在拍摄 3D 电影时，用两台摄影机效仿人眼视物那样拍摄景物的双视点图像，再通过两台放映机同步放映两个视点的图像。这时如果裸眼观看，看到的是重叠的画面。要看到立体影像，就要采取措施，使左眼只看到左图像，使右眼只看到右图像，如图 11-3 所示。

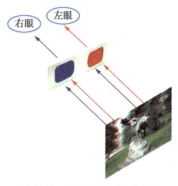

图 11-3　观看 3D 图像的方法

裸眼观看与非裸眼观看

观看 3D 图像的方式有裸眼观看和非裸眼观看两种。非裸眼观看需要借助特制的 3D 眼镜，是一种相对比较简单的方法，主要方法包括分色法、分光法、分时法等。

什么是"分色法"

分色法是将供两眼观看的两幅图，用互补的两种颜色（一般采用红色和蓝色）显示出来。观看时需要佩戴红蓝眼镜。左眼看到的图像通过红色滤光片滤除了其他颜色，只留下红色；右眼看到的图像通过蓝色（红色的补色）滤光片滤除了蓝色以外的颜色，只保留蓝色。

 设计吧

1. 头脑风暴。如何拍摄立体图片？用什么工具？需要拍几张？如何制作红蓝 3D 眼镜？需要哪些材料？请记录你的想法。

2. 分享思路。小组内讨论，选出拍摄的景物，确定 3D 眼镜的图案设计方案，并评选最优的方案。

扫描图 11-4 所示的二维码，观看 3D 显示技术的介绍视频。

i3DPhoto

这是一款浏览与制作 3D 照片的软件。该软件的智能检测功能可以自动校正拍摄过程中的相机移动、旋转以及焦距不一致等问题。其智能匹配功能允许从两个不同的目录中自动查找左右图，并自动制作立体照片。

图 11-4　3D 显示技术介绍

制作一个 3D 照片

下面各小组利用数码相机和 i3DPhoto 一起制作 3D 照片。

1. 3D 照片的拍摄。只需要在拍摄完第一张照片之后，把相机水平移动适当距离，对准原来的目标再拍第二张照片。这里需要注意以下几点。

（1）拍摄两张照片的相机快门、光圈要保持一致。

（2）保持相机的水平移动和以保证两张照片具有相同视野。

（3）移动距离要根据被拍摄物体的距离而定，以两次之间的夹角保持在 12°之内为宜。

（4）条件许可要把景深尽可能调深（即光圈调小），这样可得到更好的立体效果。

如何拍摄 3D 照片

3D 照片可以使用一台相机分两次拍摄，也可以使用两台相机同时拍摄。

不管用上述哪种方式，相机两次拍摄的间隔距离要大体相当于普通人两眼之间的距离，这个距离大约为 6～10cm。

如果要拍摄动作、笑脸等会变化的对象，优选使用两台相机同时拍摄的方法。

建议初学者拍摄静止的、固定的物体，并选择富有层次感的场景。

拍摄时先拍摄第一张照片，然后保持相机参数不变，水平横向移动相机约 6～10cm，拍摄第二张照片。

3D 电影的观看原理

3D 电影的观看原理大体分为如下三大类。

1. 分色式 3D：古老的红蓝（或红绿）眼镜、杜比开发的新型分色眼镜，目前都比较少用了。

2. 分时式 3D：就是电子快门式眼镜，3D 电视也有这样的制式，如 SONY、三星等。

3. 分光式 3D：就是偏光眼镜，又分为 IMAX、RealD 和 Image。

3D 电影的简史

1839 年，英国科学家查理·惠斯顿爵士发明了 3D 眼镜，为后来 3D 电影的发展拉开了序幕。

从 3D 眼镜到 3D 电影这个过渡看似容易，其实中间经历了很多波折，人们也做了大量的尝试。最早的 3D 电影装备要追溯到 19 世纪末——英国电影先驱者廉姆·弗莱斯·格林发明了第一个 3D 摄影装备，不过这个装置过于复杂，并不容易推广。

3D 电影的第一次正式上演则是在 1922 年放映的《爱的力量》，采用的是红绿立体电影模式，但是由于院线没人愿买，这部电影也逐渐被人遗忘。

2. 在 i3DPhoto 中导入照片。如图 11-5 所示，单击工具栏上的"文件"按钮，打开左右图像。具体方法是在弹出的"请选择两张图片制作立体图"对话框中找到素材所在文件夹，双击图片将其调入预览区即可。

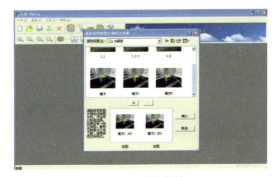

图 11-5　导入照片

3. 调整照片。如图 11-6 所示，导入照片后，需要对照片进行修正。如果两张照片在曝光及白平衡上差别较大，可选择菜单栏中的"编辑"→"自动调整颜色"命令，让它们更加一致；再利用"编辑自动对齐"命令对照片进行校准，防止主体出现光晕；再选择"裁减"命令剪除不需要的内容；最后可以根据个人喜好添加一些边框或文字。

4. 生成 3D 图像。如图 11-7 所示，修正照片之后，可以单击工具栏中的"补色立体图"按钮，生成 3D 照片。单击该按钮右侧的小箭头，可以看到弹出的菜单包含了 7 个选项。可参照自己的眼镜进行选择。由于"红青色"属于标准色，因此可用"红蓝""红青"眼镜观看。

图 11-6　调整照片

图 11-7　生成 3D 图像

5. 效果微调。如图 11-8 所示，生成图像之后，带上 3D 眼镜就能看到立体效果了。如果没有效果，则检查是否选错颜色了。如果图像不明显，可以通过微调消除光晕和重影，使图像观看效果更好。

直至 20 世纪 20 年代末 30 年代初，米高梅公司拍摄了短片《Audioscopiks》系列，让观众戴红绿眼镜观看，在当时产生了极其轰动的效果。该片最后获得了当年奥斯卡最佳短片奖的提名。

后来的宝丽来公司创始人埃德温·兰德发明了偏光膜技术——这种技术可以让光线振动方式发生改变。

第二次世界大战期间，3D 电影的发展几近停滞，直到战后重新兴起。1952 年，第一部彩色 3D 电影《博瓦纳的魔鬼》横空出世，大大提升了 3D 电影的娱乐效果。

20 世纪 70 年代后，环幕电影、球幕电影以及 IMAX 巨幕电影纷纷诞生，而 3D 电影技术也有了长足发展，在技术上解决了两台放映机同时播放的缺点。不过，那时候的 3D 电影有技术无情节，依然不是电影业的主流。

到了 20 世纪 80 年代早中期，大量的 3D 电影诞生了，如《13 号星期五》《鬼哭神嚎》《大白鲨 3D》等，但是由于电影艺术水平不高，达不到人们对高品质电影的要求，3D 电影再次遇冷，以至于到了 90 年代，3D 电影几乎退出了人们的视线。

进入21世纪，3D电影重获新生。2005年，众多电影人和院线预测数字化的3D电影将是未来电影业的主流，甚至好莱坞的几大巨头詹姆斯·卡梅隆、斯皮尔伯格和杰弗瑞·卡森伯格都是数字3D电影的拥护者。詹姆斯·卡梅隆更是身体力行，在2003年拍摄了3D纪录片《深渊幽灵》。

2005年11月，第一部数字3D电影、迪士尼动画片《四眼天鸡》上映。这部影片采用的是杜比的普通2D转制成3D的技术。电影上映后，票房异常火爆，其单厅票房比普通版本高出近4倍。尝到了甜头的好莱坞在其后几年里大量推出这种转制而成的数字3D电影，其中大部分都是动画片。

2009年，3D电影终于迎来了大爆发，《卡罗兰》《怪兽大战外星人》《飞屋环游记》《冰河世纪3》……，数字3D电影如雨后春笋般涌现，这些影片很多都摆脱了"杂耍"的嫌疑，不仅内容有看头，所用的技术也过硬。

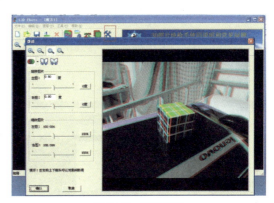

图 11-8 效果微调

6. 导出 3D 照片

如图 11-9 所示，调整图像直到效果最佳，然后选择菜单栏中的"文件"→"导出为立体图片"命令，导出 3D 照片。

图 11-9 导出 3D 照片

图 11-10 3D 照片制作流程与案例

扫描图 11-10 所示的二维码，观看 3D 照片制作流程与案例的视频。

 **交流吧**

小组之间的交流可以促进组内的共同进步，请展示自己的结果和处理过程，在展示过程中需要说明以下内容。

1. 小组的名称和成员介绍。
2. 小组成员分工和各自的职责。
3. 如何实现的？在制作过程中遇到了哪些困难？又是如何解决的？
4. 如何改进所制作的 3D 眼镜和照片的质量？

 总结吧

1. 3D 拍摄的原理是什么？

2. 3D 眼镜为什么能看到立体图像？

拓展吧

1. 你在电影院看的立体电影所用的眼镜是采用什么原理做成的?

2. 你还知道哪些制作与观看 3D 图片的技术?

12 纸飞机

说到折纸,你一定不陌生,大多数人小时候都折过小纸船、小青蛙、纸飞机。不过,现在的折纸真的不一样了。一纸成型的各种高难度作品层出不穷,日本、俄罗斯等国家都有大型纸飞机比赛,麻省理工学院甚至开设了"折纸艺术"课程,专门讲解白纸算法及其应用。

下面请试着动手制作一个纸飞机(图12-1),然后和小伙伴们比一比谁的纸飞机飞得最远。

图 12-1 纸飞机

 **目标导航**

1. 树立纸模意识。
2. 了解纸飞机的相关知识、原理及应用。
3. 树立类比、工程建模解决问题的意识。
4. 激发空间想象力。
5. 树立团队合作解决问题的意识。

 抱团吧

1. 按随机原则分组（3～4人）：每位同学抽取一张卡片，抽到相同颜色（或相同号码）的为一组。
2. 小组协商或者自荐产生本项目的组长。
3. 组员自愿（或组长分配）明确自己的个人角色，角色参照如下。

（1）组长：负责组织工作，协调各种活动，分配任务，当组员遇到疑惑时，负责询问，并为小组下一步行动提供建议，同时可以协助其他组员完成任务。

（2）设计师：负责设计本组 logo 以及海报的整体设计等。

（3）数据记录员：负责记录本项目数据等。

（4）材料管理员：负责小组资料以及材料的收拾整理，协助其他同学完成任务。

注意：

（1）可自行添加角色，如摄影师、时间管理员、汇报员等。

（2）组员可以一人充当多个角色。

纸飞机

纸飞机是一种用纸做成的玩具飞机。它是航空类折纸手工中的最常见形式，属于折纸手工的一个分支。简单的纸飞机可以用纸剪裁、折叠来完成，如图 12-2 所示；复杂的可以借助胶水、订书机等工具制作完成，如图 12-3 所示。

图 12-2 简单的纸飞机

图 12-3 较复杂的纸飞机

 造物吧

做一个纸飞机

请按照下面的步骤完成任务。

1. 了解纸飞机的飞行原理和结构（图 12-4）。

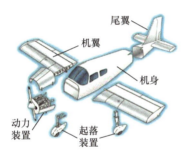

图 12-4 纸飞机的结构

2. 根据图 12-5 所示的步骤多次尝试制作纸飞机，并试飞。

① 把纸经直横各对折一次再打开。　② 上端向下褶往中线处。　③ 两个尖角往中线处褶。

④ 上端往下折。　⑤ 再折一次。　⑥ 把纸张翻过来，沿中线对折。

 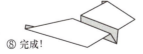

⑦ 两侧各自往外折出机翼。　⑧ 完成！

图 12-5 纸飞机制作步骤

小知识

世界上四大著名的纸飞机模型分别被命名为复仇者、DC-03、Paperang 和空中之王（SkyKing）。图 12-6 所示的就是"空中之王"纸飞机模型。

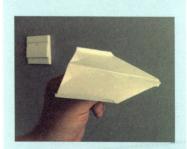

图 12-6 "空中之王"

3. 用数码相机拍照试飞的纸飞机,并在互联网上查找有关飞机结构的作用的资料,同时思考如何改进才能让纸飞机飞得更远。

纸飞机的空气动力原理

纸飞机在飞行过程中受到推力、升力、重力和阻力这 4 种力的作用,如图 12-7 所示。

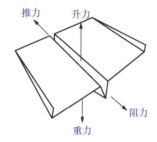

图 12-7　纸飞机的空气动力原理

如何让纸飞机飞得更远一些呢?下面来做一些实验吧!

纸飞机和真飞机的升降舵

就升降舵的位置来说,纸飞机和真飞机是有区别的,如图 12-8 所示。

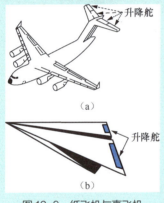

图 12-8　纸飞机与真飞机的升降舵

飞得更远的纸飞机设计

1. 头脑风暴。类比飞机结构及飞行原理,设计最简单的飞得更快的纸飞机,小组成员把自己的设计思路、想法记录下来。

2. 分享想法。小组内讨论,选出本组最优的方案，并给纸飞机起个名字。

3. 设计思路。画出草图，设计数据记录表。

投掷动作

试飞纸飞机时，需要注意投掷动作。应面朝前方，用手捏住机身中间靠前的位置，手臂由后往前运动的同时将纸飞机掷出，如图 12-9 所示。

图 12-9　投掷动作简图

下面以小组为单位，进行飞行比赛，看看哪一组的纸飞机飞得最远。

比一比，谁的纸飞机飞得更远

1. 借助数码相机改进投掷方法。
2. 借助数码相机再设计纸飞机的制作方案。
3. 交流制作经验，发挥团队合作力量，不断改进制作技术与投掷技能。
4. 评选出飞得最远的飞机。

图 12-11　立体纸飞机模型

纸艺大师（PePaKuRa Designer）

纸艺大师是一款从3D建模到模型平面展开图的制作软件，可设计"好看、有趣、容易制作"的展开图，打印出展开图，即可拼成实物纸模型。

图 12-12　纸艺大师软件首页

 造物吧

制作一个纸飞机发射器

参照图12-10，利用手边的材料、工具制作一个与你的纸飞机配套的发射器。

图 12-10　纸飞机发射器

如果想做出逼真的立体纸飞机模型（图12-11），可以借助纸艺大师（PePaKuRa Designer）这款软件（图12-12）实现。

拓展吧

借助纸艺大师软件制做一个复杂的飞机模型

1. 设计与画出所要制作的飞机纸模草图。
2. 登录纸艺大师官网，了解纸艺大师软件的功能。
3. 在纸艺大师官网、四连拍纸模网页上，学习和寻找所需要的资源。

技能篇

　　探究式学习，就是像科学家一样地观察、思考、探索和创造。无论你是否意识到，我们每个人每天都会产生各种各样的问题，在寻找问题的答案时，其实经常会用到许多科学家也在使用的方法。

13 探究式学习技能

下面介绍一些探究式学习技能,包括观察、推理、预测、分类、建模、交流和科学测量,然后给出对应的活动,将理论付诸实践,帮助你更好地理解以上内容。

技能一:观察

人通过眼睛、皮肤、鼻子、耳朵等器官采集信息,获得不同的感觉,这就是观察(observe)。观察的对象可以是自然现象,也可以是文字,还可以是社会现象,甚至可以是我们的思维。观察是提出科学问题的基础。

活动一:观察自然现象

在图 13-1 所示的场景之中,你观察到了什么?

图 13-1 雨后的田野

活动二:实验观察

如图 13-2 所示,甲杯盛有 50℃的水,乙杯盛有 5℃的水,丙杯盛有与室温相同温度的水。先把左右两根食指插入甲乙两个水杯中,两分钟后,将食指先后插入丙杯的水中,感受丙杯内水的温度。左右两根食指感受到的水的冷热程度一样吗?

图 13-2 三杯不同温度的水

活动三:哪个球大

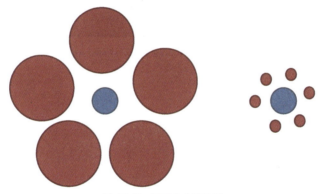

图 13-3 观察中心两个球

1. 观察图 13-3 中两个图中心的两个圆,你觉得哪个球大?

2. 再用刻度尺实际测量一下两个圆的直径,检验你在上面观察中得到的结论是否正确。

活动四:看到了什么

观察图 13-4,并描述你看到了什么。请以小组为单位,一起观察这幅图,并加以描述。小组成员看到的内容一样吗?如果不一样,请思考为什么不同的人看到的东西可能不一样。

图 13-4　看到了什么

观察的结果往往会受到个人感受的影响。为了反映事物的真实情况，有的观察需要借助测量手段，比如在"活动二"中，可以借助温度计测出 3 个杯子中水的温度，又如在"活动三"中，可以借助刻度尺测出两个黄色圆的直径。

观察有各种技巧，可以通过对比来观察，可以按照从左到右或者从右向左的顺序观察，也可以按照从里向外或者从外向里的顺序观察，还可以运用自然观察和实验观察的方法，等等。这些观察技能需要经过专门的训练才能得到提高。

技能二：推理

推理（infer）是逻辑学思维的基本形式之一，是由一个或几个已知的判断（前提）推出新判断（结论）的过程，有直接推理、间接推理等方法。

活动：听故事，谈看法

《盲人摸象》是一则广为人知的寓言故事。如图 13-5 所示，5 位盲人想知道大象是什么样子，于是各自进行了一番感知和推理，得出了各自的判断。那么，大象真如他们所描述的那样吗？问题出在什么地方？

图 13-5 盲人摸象

针对上述问题，请你解决"大象是什么样子？"的问题。

所谓推理，就是根据公认的常识（或者逻辑）获得推论的过程，但是我们不能根据一个具体事实推断普遍的结论。比如，在《盲人摸象》的故事里，其中一位盲人摸到了大象的腿，就推断大象像一根粗粗的柱子，显然得出了错误的结论。

注意，推论不一定是事实，只是对现象的多种可能解释中的一种，可能是错的。要得到一个科学的推论，不仅需要以常识作为依据进行推断，还需要多人或者多次从不同方面进行探究，同时进行交流与辩论。

技能三：预测

预测（predict）是根据过去和现在的已知因素，运用已有的知识、经验和科学方法，对未来环境进行预先估计，并对事物未来的发展趋势做出估计和评价。

天气预报就是一种预测，比如第二天会下雨，或者刮二级西北风。这种预测实际上是一种根据观察的证据和常识进行推理的过程。由于预测是一种推理，因此预测的结论也有可能出错。

活动：球是否能进球门

查看图 13-6，按照如下步骤加以探索，并回答下列问题。

1. 观察。观察照片，请列出至少 3 条信息，你还能想到哪些问题？

2. 推理。通过观察，对所发生的事情做出一个推论。你是根据什么经验或者知识得出的推论？

3. 预测。预测接下来会发生什么。该预测是依据什么证据或者经验得到的?

图 13-6　预测球的运动情况

技能四：分类

分类（classify）是指按照种类、等级或性质分别归类，即把某些特征相同的事物归类在一起的方法。在实际应用中，可以根据事物的大小、颜色、形状、用途等特征进行分类。

活动一：图书怎么分类

如图 13-7 所示，图书馆里藏有成千上万本书，但只要你能说出想要借阅的书的书名，管理员很快就能找到它。想象一下，如果图书馆里的书杂乱地堆在一起，管理员恐怕需要一整天的时间才能找到你所要的书。这就是为什么要把书分门别类地摆放起来。

图 13-7　图书馆

活动二：把圆分类

查看图 13-8，对各种圆分类。

1. 请根据一种特征，将图 13-8 中的圆分类。
2. 再根据另一种特征分类。

科学家也像图书管理员一样，用分类的方法把事物或者信息有序地组织起来。把事物分门别类地组织起来后，就容易理清它们相互之间的关系了。

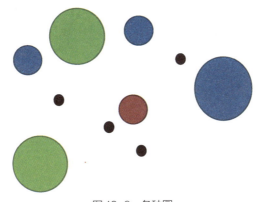

图 13-8　各种圆

技能五：建模

在理解事物的过程中，对事物某方面性质做出的抽象概括就是建模（making model）的研究方法。如图 13-9 所示，我们可以用一个大球和一个小球构建地球围绕着太阳旋转的模型。这里所用的两个球分别指代地球和太阳。

图 13-9　大球和小球

模型是用来显示复杂事物或者过程的表现手段，可以是某种实物，也可以是一种图，还可以是一种计算机模拟图像。科学家经常用模型代表非常庞大的或者极其微小的事物，如太阳系中的行星、细胞的细微结构等。

活动：人脸的建模

在课程篇的"人脸探秘"一章中，我们了解到人的脸型各不相同。请根据图 13-10 所示的几种脸型构建相应的模型。

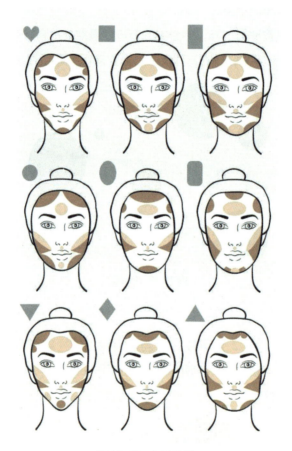

图 13-10　各种脸型

请借助手机或者镜子判断自己属于哪种脸型。

技能六：交流

交流环节是探究活动中不可缺少的部分。通过交流（communicate），可以对探究过程进行再认识，进而发现问题，提出疑问，解决问题，提高探究能力，还能体会到科学探究的乐趣，领悟科学探究的思想和精神。

活动：看图、交流并辩论

查看图 13-11，不难发现，即便观察同一个事物，大家看到的东西也可能是不一样的。科学家在研究工作中也会面临类似的困难。不同的性别、不同的生活背景、不同的国籍……这些都可能影响科学家对事物的观测。

图 13-11　换位思考图

克服这类困难的优选之法是将参与观测的科学家召集一起进行交流与辩论，在此过程中，能够形成多种角度的看法和整体的看法。我们现在的科学知识就是经过多年的交流与辩论留存下来的，大大弱化了个人观测的偶然性和片面性。

技能七：测量

测量（measurement）就是把一个"待测的量"与公认的"标准量"进行比较的过程，是自然科学和社会科学中的重要活动。测量涉及三大元素：被测物、测量工具和被测物的属性。

活动：判断哪条线段长

查看图 13-12，看上去右边的线段比左边的线段长，但是两条竖直的线段实际上一样长。有人会选一个长度的比较标准（如自己的食指前部

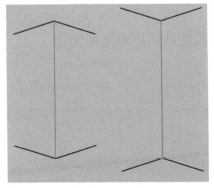

图 13-12　两条竖直线段

的宽度），分别在这两个线段上进行对比，看看左边线段有几个食指宽度，再看看右边线段有几个食指的宽度，再加以比较，就知道两个线段的长短情况了。实际上，这里就用到了测量手段，以此克服定性观察带来的错觉问题。

上述情况中的食指宽度充当了单位的角色。全世界通用的标准计量系统是国际标准计量单位（即SI）。SI单位是十进制的，每一个单位都是它下一个单位的10倍，同时也是上一级单位的1/10。表13-1列出了SI单位的常用前缀。

表13-1 SI单位的常用前缀

前 缀	符 号	含 义
kilo（千）	k	1000
hecto（百）	h	100
deca（十）	da	10
deci（分）	d	0.1（十分之一）
centi（厘）	c	0.01（百分之一）
milli（毫）	m	0.001（千分之一）

长度的SI单位是米（meter，简写m）。1m通常相当于地板到门把手的距离。长度的常用单位还有公里（kilometer，简写km）、厘米（centimeter，简写cm）等。对照SI单位的常用前缀，显然有1km=1000m=100000cm。

质量的SI单位是千克（kilogram，简写kg）。科学家通常用天平测量质量。质量的常用单位还有克（gram，简写g）和毫克（milligram，简写mg）。同样，对照SI单位的常用前缀，显然有1kg=1000g=1000000mg。

技能八：巧用比和比例

有比较才能有鉴别。在科学实验中，应学会巧用比和比例。例如某科学家在一个岛上发现了600只猴子和1800只斑马，这时候可以运用"比"来从整体上描述猴子和斑马之间的数量多少。科学家用猴子的数量除以斑马的数量，得到600/1800，经过约分得1/3，也可以用"1比3或1∶3"来表示。所谓的"比"，就是运用除法对两个数字进行比较。所谓的"比例"，则是表达两个"比"相等的数学语言，例如800支铅笔/1200张纸和2支铅笔/3张纸之间就构成"比例"关系，可以表示为800支铅笔/

1200 张纸 =2 支铅笔 /3 张纸。

通过建立"比例"关系，可以确定或者推测一个未知数。

活动：铁球的直径是多少

图 13-13 所示的是一张乒乓球和铁球的照片。你能设法知道其中铁球的直径吗？

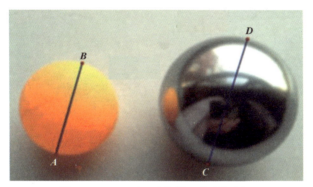

图 13-13　用几何画板测量两个球的直径

有一种方法很简单。用百度搜索引擎搜索，可以知道乒乓球的直径是 40.00mm，将这张照片导入计算机，用几何画板测得两球直径的屏幕长度分别为 6.84cm 和 9.49cm。假设铁球的实际长度为 x，则存在如下的比例关系：

$$40.00\text{mm}/x = 6.84\text{cm}/9.49\text{cm}$$

$$x \approx 55.56\text{mm}$$

上面例子说明，比例的方法在"数码探"的图像分析之中能够发挥重要作用。

技能九：巧用概率

某些事件的发生是复杂的，比如向空中投掷一枚面值一元的硬币，落地后是正面朝上，还是反面朝上？就是一个复杂事件。又如天气预报，明天是否下雨的预测也是一个复杂事件。这些事件的发生存在偶然性，在科学领域中用概率来定量地描述这些复杂事件发生的可能性。

技能十：科学探究

科学探究（scientific inquiry）很像侦探工作，发现疑点，收集各种证据，把各种线索拼凑起来，弄清楚事情的来龙去脉。在进行科学探究的过程中，主要通过3种手段发现问题和解决问题：一是使用实物实验手段，二是使用数学或者理论逻辑手段，三是使用信息技术或者数码手段。真正的探究式学习往往会混合运用这三种手段。

科学探究的构成要素如下。

要素一：提出科学问题。所谓的科学问题，是指能够通过收集证据回答的问题。例如，"某种蚂蚁能够举起比自己身重几倍的食物"就是一个科学问题。科学问题可以产生于观察大自然之中，也可以产生于实物实验之中，还可以产生于阅读之中，还可以产生于计算机虚拟仿真实验之中，等等。

要素二：提出假设。假设是对所产生问题的一种预测，这种预测是建立在研究者观察经验和相关知识的基础之上的，但与许多预测不同的是，假设必须能够被检验。严格的假设应该采取"如果……，那么……"的句式。例如，为了研究问题"纯水和盐水哪一个结冰更快"，需要做出假设，可能是"如果把盐加入纯水中，那么这水会需要更长的时间才能结冰"就是一个假设。这个假设必须能够被检验。

要素三：设计问题解决方案。提出各种假设之后，需要逐一针对每个假设设计检验真伪的方案。在方案中应该写出详细的检验步骤。检验过程可以综合运用实物实验手段、数学手段或者数码手段。设计方案的过程中会涉及控制变量问题，即在一个设计良好的方案中，除了要观察的变量，其余量都应该始终保持不变。

要素四：数据挖掘。在实施问题解决方案的过程中，会产生各种数据。这些数据可以由观察与测量得到，也可以通过阅读或者搜集文本、视频、音频信息获得。然后分析这些数据，看看是否存在什么规律或者趋势。如果把数据整理成图表或者表格，往往能够直观地发现它们的规律。还可以思考这些数据说明了什么，它们是否支持所做的假设，是否指出了方案的缺陷，等等。

要素五：交流并得出结论。上述4个要素都带有个人认识上的偏差，为了得出相对客观的结论，需要交流与评价每个人的探究工作。在下结论的时候，要确定所收集的数据是否支持当初所做的假设。如果不支持，则需要思考并提出新的假设，直到能够解决所提出的科学问题为止。

采取实物实验手段的探究简称"实物探"，采取数学或者理论逻辑手段的探究简称"理论探"，采取信息技术或者数码手段的探究简称"数码探"。一个完整的科学探究往往会综合采用"实物探""理论探"和"数码探"。

技能十一：技术设计

工程师是指那些利用科学技术知识解决实际问题并进行技术设计的专业技术人员。为了设计新产品，工程师们通常需要经历以下过程，当然实际过程中他们不一定会严格按这些过程进行。通过阅读下列技术设计（technical design）过程的各个步骤，认真思考应该如何将这些设计程序应用于技术试验中。

1. **确定需求**。在开始设计某项新产品之前，工程师必须明确他们所面临的需求。例如，假设现有一家制造玩具的公司，你是该公司一个设计小组的成员，目前所面临的需求就是设计玩具帆船，要求设计出的玩具价格更便宜且更易组装。

2. **研究问题**。工程师在研究问题的过程中需要收集相关信息和资料，以进行新的设计。这类研究包括通过书本、杂志或互联网寻找相关文章，也包括与正在进行类似技术研究的其他工程师们进行交流。此外，工程师通常还需要进行与设计有关的试验。

针对所要设计的玩具帆船，工程师可能会仔细观察类似的玩具，也可能会在互联网上查找相关资料，可能需要测试某些材料的浮力，还需要测定哪些材料可以做船。

3. **确定研究方案**。当工程师收集了足够的信息和资料时，他们便开始进行设计工作。一般而言，工程师在从事新产品的设计时，往往以团队的形式进行。具体步骤如下。

（1）提出设想。设计小组通常会举行各种讨论会，在会上大家运用头脑风暴的办法，畅所欲言自己的设想。头脑风暴（brainstorm）是一种创造性方法，在运用这种方法的过程中，研究小组的某位成员所提出的建议常会激发其他成员的灵感，每个小组成员的各种创造性思维最终将逐渐形成设计共识。

（2）局限性的评估。经过集思广益，设计小组有可能提出几个较为理想的设计，此时必须对这些设计方案逐一进行分析评估。成本和时间也是制约因素之一，如果制造产品所用的材料成本太高，生成该产品花的时间太长，那么这样的设计很有可能是不切实际的。

（3）权衡利弊。任何一种设计都不可能十全十美，因此，设计小组通常需要对设计中存在的利弊进行分析和权衡，也就是说，在某项设计方案中，为了换取某种设计优势而不得不放弃另一种设计优势。设计玩具帆船时，在选择制作材料的问题上，设计小组就有可能不得不权衡利弊，放弃另一种设计优势。例如，某种材料较轻但防水性能一般，而另一种材料坚固且防水性能更好但较重，在这种情况下，设计小组可能为了获得材料的强度和防水性能方面的优势而放弃对轻质材料的要求。

4. **制作小样并进行评估**。一旦设计小组确定并选择了最佳设计方案，工程师就要为设计的产品制作小样。小样（prototype）又称初样，就是根据优选设计方案试生产的产品的翻版，其所用的材料与实际生产的产品所用的材料完全相同，主要用于研究和测试该设计所产生的产品的各种性能。通过对小样的各种测试和评估，可以了解所设计的产品是否运行良好、使用时是否安全、是否容易操作、是否持久耐用，等等。

就玩具帆船的设计而言，需要考虑的问题包括所制作的小样是什么样子的、由什么材料构成、如何对其进行测试，等等。

5. **检查改进并重新设计**。很少有小样一试就成功的，这也就是要对其进行测试的根本原因。一旦小样测试完成，设计小组就需要对测试结果进行分析并找出存在的问题，然后对设计进行改进，解决存在的问题，最终形成经修改后的设计方案（design plan）。再以玩具帆船为例，假定所制作的小样存在渗漏或者摇摆不定的缺陷，就必须重新设计以消除这些问题。

6. **交流设计成果**。一旦设计小组确立了最终的设计，就需要与那些将要制造和使用该设计产品的人进行交流。这通常会用到各种方法，其中包括采用文字和画草图的方式，来介绍他们的产品设计。

工具篇

"工欲善其事,必先利其器"。具备"数码探科学"的意识和技能当然是必要的,但面对一个比较复杂、困难的问题,可能还需要特定的工具。这样的工具分为三类:实物工具、学科理论工具和数字化工具。在进行科学探究的过程中,往往需要混合使用这三类工具,甚至需要自制问题解决工具。常用的"数码探科学"数字化工具包括数码相机、几何画板、Scratch 编程语言和 Algodoo(爱乐多)软件。

14 数码相机

数码相机是"数码探"的重要工具,可以实现照片拍摄、视频录制、延时摄影、慢动作拍摄等功能。摄影所记录的影像,是对客观事物、事件相对全面的、概括性的记录。从影像中,你可以分析出客观事物的形状、性质、时空关系等特征,也可以分析出事件在摄影瞬间的状态、发展趋势等内容。

图 14-1 数码相机的模式

首先以某款相机为例,看看数码相机的模式选择,如图 14-1 所示。其中,P 模式是程序曝光模式,Av 模式是光圈优先模式,M 模式是全手动模式,此外还有视频录制等模式。

镜头焦距的长短决定着成像大小、视场角大小、景深大小和画面透视强弱。图 14-2 是相机焦距示意图。

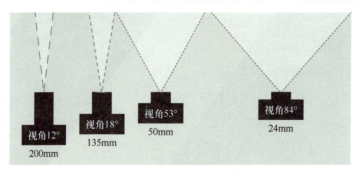

图 14-2 相机焦距示意图

50mm 恰好就是人眼的等效焦距,所以 50mm 焦距的镜头又称为相机标准镜头。

要拍出一张好照片,需要考虑角度问题,包括拍摄高度、拍摄方向和拍摄距离;需要考虑光源,看是否有顺光、侧光、逆光等情况;还需要考虑构图。

对于延时摄影和慢动作,也可以在手机上实现,你可以试一试。

15 几何画板

几何画板是一款功能强大的软件,主要用于演示课件制作。作为数据探究工具,几何画板可以用于屏幕测量,如测量线段长度、圆的周长、多边形面积、角度等。下面介绍测量线段长度的应用范例。

测量步骤如下。

1. 制作待测的线段。单击工具箱中的 ▭ 按钮,在"画板"工作区中按住鼠标左键不放,同时向外拖动鼠标,即在工作区中画出了一条线段 AB,如图 15-1 所示。
2. 测量长度。选中线段 AB,在菜单栏中选择"度量"中的"长度"命令,可以度量出线段 AB 的长度是 7.90cm,如图 15-2 所示。

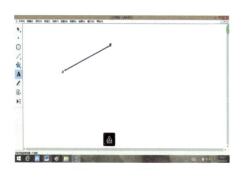 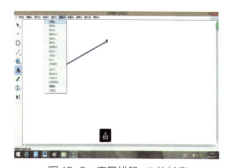

图 15-1 画出线段 AB　　　　　图 15-2 度量线段 AB 的长度

16 Scratch 3.0

Scratch 是一款由麻省理工学院（MIT）设计开发的图形化编程语言。Scratch 采取积木组合式编程，用拖动和组合的方式取代了传统的打字输入，免除输入错误的困扰。此外，可视化的程序语言实现了所见即所得，不需要经过复杂的编译过程就能看到结果。

Scratch 3.0 界面由 4 大部分组成，分别是舞台、角色列表、积木块区和脚本区。其中积木块区有 10 类功能积木块，部分模块的功能介绍如表 16-1～表 16-8 所示。

表16-1　Scratch 3.0的运动模块功能介绍

模块	示例	指令说明
运动	移动 10 步 右转 C 15 度 左转 ⊃ 15 度	移动10步。步数可以修改，可以为负数、其他数或数学表达式 右、左转15°。角度可以修改，可以为负数、其他数或数学表达式
	移到 随机位置 ▼ 移到 x: 0 y: 0 在 1 秒内滑行到 随机位置 ▼ 在 1 秒内滑行到 x: 0 y: 0	移动到指定的坐标位置上，坐标位置可以是具体的数值或表达式
	面向 90 方向 面向 鼠标指针 ▼　　面向 鼠标指针 ▼	面向90°或其他角度的方向，可以输入任意数值或表达式 这类输入可以是选择列表中的项，也可以是具体的值 后者表示面向鼠标指针，也可以面向其他角色

续表

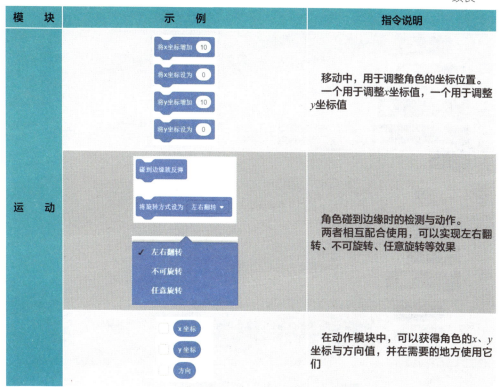

表16-2　Scratch 3.0的外观模块功能介绍

示例	指令说明
	用于在舞台上显示角色说的文字与思考的问题，右侧的"2秒"表示文字显示2秒后自动消失。若不设置时间，则在下一个同样语句块出现后才自动消失
	切换角色的造型和背景

续表

示例	指令说明
（将大小增加10 / 将大小设为100）	角色大小的设定，这里的数值是百分比，其大小可以是1%~600%
（将 颜色 特效增加 25 / 将 颜色 特效设定为 0 / 清除图形特效）	角色特效设定与消除，共有"颜色""超广角镜头""旋转""像素化""马赛克""亮度"和"虚像"7种特效
（显示 / 隐藏）	用于在舞台上显示或隐藏角色
（移到最 前面 / 前移 1 层）	设置角色之间层的关系
（造型 编号 / 背景 编号 / 大小）	可以获得角色的造型编号、背景名称及大小等属性值，可在需要的地方使用它们

表16-3　Scratch 3.0的声音模块功能介绍

示例	指令说明
（播放声音 喵 等待播完 / 播放声音 喵 / 停止所有声音）	用于设置声音的播放及停止。通过单击向下的三角形按钮，实现播放声音的选择
（将 音调 音效增加 10 / 将 音调 音效设为 100 / 清除音效 / 将音量增加 -10 / 将音量设为 100 % / 音量）	可设置音调和音量

表16-4 Scratch 3.0的控制模块功能介绍

示 例	指令说明
等待1秒 重复执行10次 重复执行	等待1秒，停止程序，是程序控制最基本的功能指令。 重复执行有限次数和不停地重复是程序控制中常见的指令
如果 那么 如果 那么 否则 等待 重复执行直到	条件表达式的值为真时，执行那么后的指令；右方的示例用于设置条件表达式
停止 全部脚本	包括"全部脚本""这个脚本"及"该角色的其他脚本"这3个选项
当作为克隆体启动时 克隆 自己 删除此克隆体	以通过克隆生成角色的副本（即克隆体）。克隆体生成后，可以当作为克隆体启动时的事件产生，也可以用来指挥克隆体的动作。还可以删除克隆体的指令

表16-5 Scratch 3.0的侦测模块功能介绍

示 例	指令说明
碰到 鼠标指针 ? 碰到颜色 ? 颜色 碰到 ? 到 鼠标指针 的距离	可以侦测角色是否碰到鼠标指针；侦测角色是否碰到某种颜色；检测其他颜色是否碰到其他颜色；实现程序过程中的碰撞检测。还可以侦测到鼠标指针或其他角色之间的距离

续表

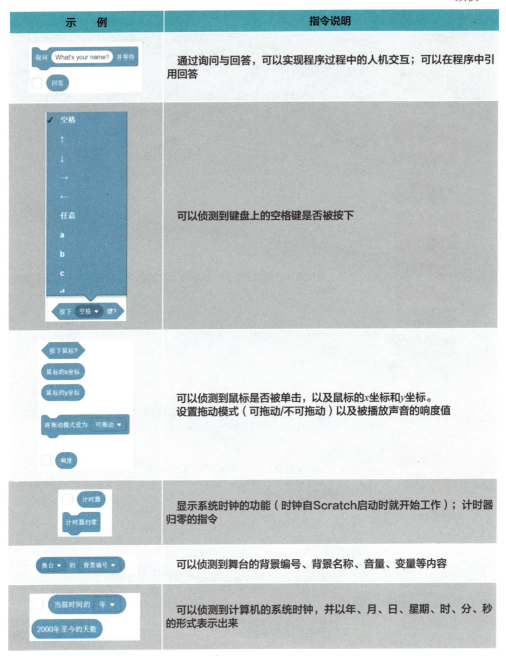

表16-6 Scratch 3.0的运算模块功能介绍

示例	指令说明
(加减乘除运算块)	可以进行加、减、乘、除运算
在 1 和 10 之间取随机数	可以获得两个数之间的随机数；如果两个数都是整数，则随机数也是整数，如果有一个或两个数都是小数，则可以得到随机整数

表16-7 Scratch 3.0的事件模块功能介绍

示例	指令说明
>50 >50 <50 <50 =50 =50 与 与 或 或 不成立 不成立	条件判断与逻辑判断，其结果均为布尔型
连接 apple 和 banana apple 的第 1 个字符 apple 的字符数 apple 包含 a ?	分别为字符的运算函数、连接函数、取字符数函数和求字符串长度函数
除以 的余数 四舍五入 绝对值 ▼	分别为求余函数、四舍五入和10种数学函数

表16-8 Scratch 3.0的变量模块功能介绍

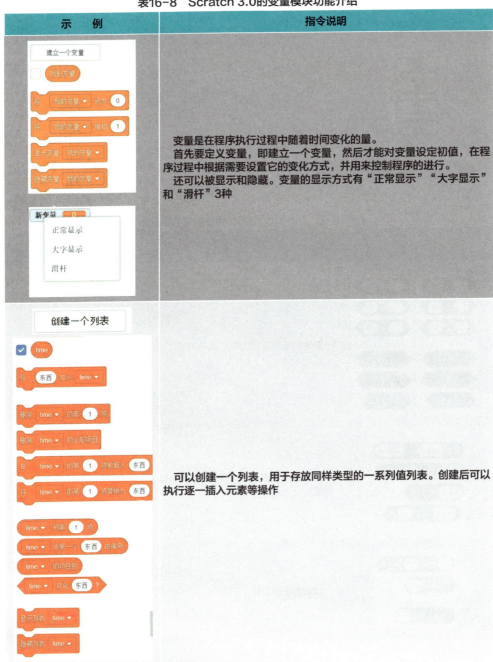

17 Algodoo（爱乐多）

Algodoo 是一个趣味虚拟仿真实验平台。其基本功能如下：使用简单的绘图工具创建和编辑场景；通过选择、拖拽、倾斜、震动等方式参与互动；显示物体运行轨迹、受力和速度；提供了刚体、流体、链条、齿轮、弹簧、铰链、锁、电机、激光射线、火箭助推工具及跟踪绘图工具等元素——这些元素可以在重力、摩擦力、弹力、浮力、空气阻力的作用下相互影响，实现精度较高的虚拟仿真实验平台。你可以使用它发现科学规律，设计问题解决方案。

Algodoo 的工具丰富，界面有很多工具栏，如图 17-1 所示。可以根据需要对这些栏目其显示、隐身、拖拽和变形。

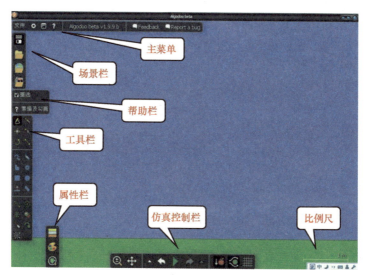

图 17-1 Algodoo 界面

现在详细介绍一下工具栏中的各种工具及其作用，如表 17-1～表 17-3 所示。

表17-1 控制工具简介

控件	说明
移动工具	移动工具可以随意地移动对象，可以尝试选择并拖拽任何的对象，也可以通过在其周围绘画一个矩形来选择对象
拖曳工具	只能在仿真模拟正在运行时使用，可以通过施加力的形式使对象移动。因为拖曳工具通过力的形式作用，所以不能移动平面或者任何已经固定或黏附于背景的对象——但可以通过使用移动工具来移动这些对象
旋转工具	用"旋转"工具拖拽对象可以达到旋转的目的。在旋转时，旋转坐标系将以一个白环的形式出现。当鼠标在这个白环内移动时，角度将会15°的增量变动，在白环外移动会获得更高的精度。旋转工具会在使用鼠标右键拖拽物体时自动激活，无论当前在使用哪个工具
放缩工具	放缩工具可以让物体放大或缩小。选择该工具，并选择一个或多个对象，会看到一个矩形出现在对象周围。通过拖拽鼠标可以放缩任何的圆形或方形对象。如果要等距放缩一个对象，请同时按下Shift键。放缩液体不会改变液体粒子的大小，只改变它们之间的缝隙大小

表17-2 绘图工具简介

控件	说明
多边形工具	多边形工具可以绘画任意形状的对象，只需要画一条封闭的曲线就可以看到结果。另外，也可以通过使用多边形工具去包围一个对象来选择它。同样可以通过同时按下Shift键绘画直线。如果要一次绘制多条直边，就在每个转角也按下Shift键
画笔工具	画笔工具就像画家的画笔一样，可以绘制任意图形，而且与像多边形工具一样，可以通过同时按下Shift键绘制直线
橡皮工具	橡皮工具就像铅笔擦一样，起擦除作用。也可以通过同时按下Shift键直接擦除
剪切工具	剪切工具是很有用的，同时也很有趣。只需在任意几何体中画一条线，该几何体便会被切为两半。可以在一个几何体内绘画一个封闭图形，并剪切掉这部分。另外，可以同时按下Shift键绘制一条直线以达到剪切的效果
盒子工具	盒子工具可以创建方形对象。如果要创建正方形对象，需要同时按下Shift键。像多边形工具一样，也可以用盒子工具选自任何对象
圆形工具	使用圆形工具创建圆形对象
齿轮工具	齿轮工具可以用于创建齿轮对象。如果双击齿轮工具，会看到相关的齿轮选项，可以设定齿轮的大小或将齿轮反转
平面工具	平面工具可以创建无限大的平面，以防对象掉到过远的地方或逃出视线范围。当创建一个平面时，会看到一个圆形，在这个圆形内移动会使平面以15°的增量变化
锁链工具	锁链工具可以将两个枢轴连成一条锁链。如果在两个对象之间绘制一条线，则这两个对象会自动被锁链连接起来。可以通过首尾相接来创建环形锁链

表17-3 辅助工具简介

控件	说明
弹簧工具	弹簧工具将对象与背景之间或对象彼此之间用弹簧相黏附。注意：弹簧工具至少附属于一个几何对象
固定工具	用固定工具单击一个几何对象，可以将其黏附于后面的对象。如果它后面没有任何的对象，那么它将变为静态物体
枢轴工具	用枢轴工具单击一个几何对象，可以通过枢轴将几何对象黏附于它后面的对象，使之可以以枢轴为中轴自由旋转
跟踪绘图工具	用跟踪绘图工具单击一个几何对象，它将随着物体的移动而绘图。当需要跟踪一个单摆或自由落体的轨迹时，这个功能会很有用
激光工具	用激光工具可以单击或拖曳一个几何体
推进器工具	使用推进器工具可以在刚体上施加一个恒定的力。只需要单击并拖动对象，设置力的大小和方向即可。可以通过右击或双击编辑推进器，在"推进器"菜单中改变力的大小或设置推进器力量遵循几何旋转。或者，如果力是固定的，也可以设置一个激活打开/关闭的按钮控制推进器力。另外，可以使用移动工具和旋转工具（或右键单击对象并执行旋转操作）改变力的位置和方向
纹理工具	纹理工具可以旋转、移动或缩放纹理。先创建一个纹理对象，比如，先创建一个圆形对象并将其材质设为木质，并用纹理工具拖曳它。可观察到纹理在移动，但不是对象在移动。用鼠标右键拖曳纹理可以使之旋转，用滚轮则可以缩放纹理
素描及勾画工具	素描及勾勒工具的功能非常很强大，可与其他工具的功能组合使用。首先，与多边形工具类似，素描及勾勒工具可以被用来绘制任意图形，比如，画一个多边形。其次，素描及勾勒工具也可以用于绘制完美的圆形。按下鼠标画一个类似圆形的图形，只要绘画的形状和圆形足够类似，它会自动变为一个完美的圆形。对于方形如此，画一个类似方形的多边形，同样不要放开鼠标，直到所画图形的形态变为一个完美的方形。完成绘制后，在松开鼠标前，可以移动、旋转并缩放它

案例篇

学完前面的内容，你应该对"数码探科学"的含义有了一定的了解。这一部分将展示由学生实现的8个优秀案例，以期让你切实了解"数码探科学"的实践意义，进而更好地开展自己的实验。

这8个案例分别是"4种酸奶对面团发酵效果的影响""天空中的云朵究竟有多高""糖葫芦状水流""利用微信取证治理小广告""视觉暂留时间测定""足球比赛中罚球区附近射门最佳方式""轮胎花纹对摩擦力的影响"以及"人的面部黄金比例是否会遗传"。

18 案例一：4 种酸奶对面团发酵效果的影响

问题切入

酸奶是以牛奶为原料，经过巴氏杀菌后加入有益菌（发酵剂），经发酵后再冷却灌装的一种带有酸甜口味的奶制品。酸奶中所含的有益菌还能发酵面团。在本案例中，我们用从超市买回的 4 种酸奶来做发酵面团实验，并对试验效果加以比较，查看它们的区别。

问题猜想

不同品牌的酸奶对面团的发酵作用是一样的吗？对馒头的口感是否有影响呢？

探究方案

制订探究方案，其中涉及的材料、设备以及操作如下。

1. 4 个品牌的酸奶：在本案例中，采用了 4 种酸奶，分别命名为甲、乙、丙和丁。
2. 实验材料与用量。每种酸奶的固定用量为 40g，每份面粉的用量为 100g，每份水的用量为 30g。之所以采用这个材料用量比例，是为了保证馒头的口感。
3. 拍照。按压和好的面团，使其厚度统一为 1.5cm，以 1 元硬币为参照物给 4 个面团拍照。在恒定温度和湿度下放置一天，再次以 1 元硬币为参照物给 4 个面团拍照。
4. 测量。使用几何画板，对前两次拍照的照片进行屏幕测量，计算出 4 个面团面积的大小，据此对比不同品牌的酸奶对面团发酵的影响，进一步推断酸奶中乳酸菌含量的多少。
5. 数码设备选用。在本案例中，所采用的设备有数码相机、计算机和几何画板。

案例一：4种酸奶对面团发酵效果的影响

探究过程

探究过程的具体步骤如下。

1. 称重。将青瓷空碗置于电子秤上之后，归零电子秤的读数，然后向青瓷空碗中加入100g面粉（图18-1）。

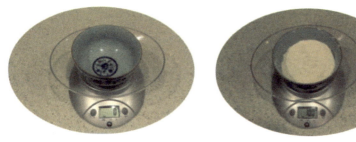

图18-1　加面粉

将白瓷空碗置于电子秤上之后，归零电子秤的读数。接着向白瓷空碗中加入第一种40g酸奶（图18-2）。

图18-2　加入第一种酸奶

以此类推，分别将4种酸奶各40g以及面粉各100g称量备用（图18-3）。

（a）甲　　　　（b）乙　　　　（c）丙　　　　（d）丁

图18-3　称量各种材料

2. 和面。将已经称重的4种酸奶分别与每份面粉、水和匀（图18-4）。

图 18-4　揉面团

揉成的面团形状尽量均匀、圆滑，高度统一为 1.5cm（图 18-5）。要注意三角尺 0 刻度前有 0.5cm 空白。

图 18-5　面团标准

3. 第一次拍照。将 1 元硬币靠近面团放置，对桌面进行垂直拍照，可避免角度对后续测量的影响（图 18-6）。

图 18-6　拍照

4. 发酵。若为冬季,在盘子覆一层保鲜膜,放在暖气片上静置一天(图 18-7)。实测暖气片上面的温度为 35℃,环境湿度为 25%,自然发酵。

图 18-7　发酵

5. 第二次拍照。按照步骤 3,分别给 4 组酸奶及用其发酵后的面团拍照(图 18-8)。

图 18-8　拍照

6. 数据处理。使用几何画板中的度量工具进行测量。发酵前照片中硬币面积为 1.66cm^2,照片中面团面积为 17.53cm^2;1 元硬币实际面积约为 4.91cm^2,按相同比例算出面团的实际面积为 51.85cm^2。发酵后照片中硬币面积为 2.33cm^2,照片中面团面积为 36.21cm^2;1 元硬币实际面积为 4.91cm^2,因此按相同比例算出面团的实际面积为 76.31cm^2。同理,照片中硬币面积为 2.4cm^2,照片中馒头面积为 47.74cm^2;1 元硬币实际面积为 4.91cm^2,因此按相同比例算出馒头的实际面积约为 97.67cm^2。

图 18-9 所示的是在计算机屏幕上显示的测量过程。

图 18-9　屏幕测量

7. 数据记录。记录第一次实验数据，如表 18-1 所示。

表18-1　第一次实验数据记录

酸奶品类	发酵前面积 / cm^2	发酵后面积 / cm^2	馒头面积 / cm^2
甲	51.85	76.31	97.67（发酵效果最佳）
乙	46.16	74.59	90.65
丙	50.95	71.89	89.14（未发酵充分）
丁	53.22	75.38	95.73

8. 验证实验。本着严谨的态度，进行第二次实验，步骤、环境与第一次实验相同，数据如表 18-2 所示，效果与第一次实验一致。

表18-2　第二次实验数据记录

酸奶品类	发酵前面积 / cm^2	发酵后面积 / cm^2	馒头面积 / cm^2
甲	61.40	90.87	126.31（发酵效果最佳）
乙	65.89	83.68	107.11
丙	60.15	81.20	98.25
丁	63.57	100.44	119.52

探究结论

通过上述实验可知，相对其他 3 种酸奶，甲酸奶含有更多的有效乳酸菌。这是真实的实验比对结果，如果你对此感兴趣，可以一试！

经过两次实验对比，我们发现甲酸奶对面团的发酵效果最好，原因是什么呢？有可能是甲酸奶比其他 3 种酸奶含有更多的有效乳酸菌。

体会与收获

在对比试验中，我们多次遇到面团发酵不佳的问题，于是向有经验的人请教，找出最佳面团发酵温度及湿度，最终经过数次实验，终于成功发酵了面团。

日常生活中，不要盲目相信广告及产品说明，要多动手实验，多查证。

此类实验有助于提高学生对"数码探"方法及其他实用科学的兴趣，增强学生提出问题及解决问题的能力。

19 案例二：天空中的云朵究竟有多高

问题切入

很多学校每年都会组织郊游活动。置身郊外，蓝天白云，空气清新，令人心旷神怡。那么，你知道云朵究竟离我们有多远吗？

据说，激光测云仪可以准确测量云底高度，即云底距离地面观测点的垂直距离。激光测云仪是一种利用激光技术测量云底高度的主动式大气遥感设备，一般由激光发射系统、接收系统、光电转换系统、数据处理显示系统和控制系统等组成。

除了如此专业的仪器，我们能否利用生活中的日常工具做简易测量呢？

问题猜想

不少同学喜欢摄影，那么，能不能利用所学的摄影知识测出云的大致高度呢？答案是可以——可以用相机做辅助测高，利用几何学原理测出云的高度。

探究方案

此方案需要用到两台照相机及三角架。数码设备选用 Nikon D5200 及 Sony A100。

1. 方案设计。需要注意以下几点：

（1）两台照相机同时拍摄（图 19-1）；

（2）拍摄场地要在高处或空旷、平坦的地面；

（3）两个拍照者能彼此相互呼应；

（4）两台照相机的直线距离可以测量；

（5）两台照相机的光轴要互相平行；

（6）从拍摄的图片中找出同一块云朵中的某一共同点；

图 19-1　放置两台照相机

（7）利用几何学中的三角形相似原理求出云朵的高度。

2.对输出图片准确性的要求。需要注意以下几点：

（1）两台照相机输出的图片尺寸要相同；

（2）取其中一组图片相对两边的中点，做出直线 XX 和 YY；

（3）取两张图片云中的一个共同点 A，量出它距离直线 XX 和 YY 各多少毫米；

（4）用 (x_1, y_1) 和 (x_2, y_2) 分别表示第一张图和第二张图上从共同点 A 到 XX 和 YY 的距离；

（5）图中的 y_1 和 y_2 的距离原则上相等，但实际操作上会有误差，之所以确认 y_2 等于 y_2，是为了确定拍摄的准确性。

探究过程

第一次数据采集，拍摄地点选在了北京市奥林匹克公园附近。我们用两台照相机同时拍摄了多组照片，并选取了其中的一组照片。

第一组照片如图 19-2 和图 19-3 所示。

图 19-2　第一组照片 1

数据采集如下：

$$y_1 = 32\text{mm}, \quad y_2 = 16\text{mm}$$

y_1 和 y_2 相差 16mm，样本差异太大，可知取值不准确。

我们又测算了若干组数据，得到的 y_1 和 y_2 还是不理想，最后决定重新采集样本取值。第一次实验以失败告终。

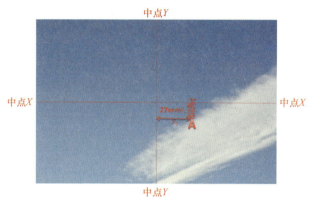

图 19-3　第一组照片 2

第二次数据采集,拍摄地点选在了地坛内的方泽坛。那里地势开阔平坦,四周无遮挡,符合拍摄要求。吸取上次的经验,我们将镜头调直,对准天空,保持光轴互相平行。拍摄了多组照片,并经打印比较,选出了数据最准确的一组。

第二组照片如图 19-4 和图 19-5 所示。

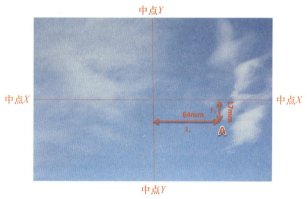

图 19-4　第二组照片 1

数据采集如下:

$$y_1 = 17\text{mm},\ y_2 = 27\text{mm}(若干数据组中最近似数值)$$

$$x_1 = 64\text{mm},\ x_2 = 45\text{mm}$$

选此组数据进行计算。测算云高度适用的公式有以下两种。

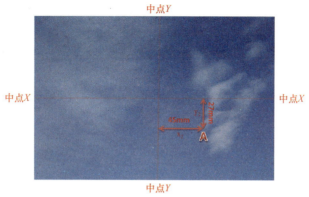

图 19-5　第二组照片 2

1. 当照片中选定两点分列 YY 线的左右侧时，适用公式为

   云高度 = 两台相机的距离 × 相机焦距 / ($x_1 + x_2$)

2. 当照片中选定的两点都在 YY 线的同侧时，适用公式为

   云高度 = 两台相机的距离 × 相机焦距 / ($x_1 - x_2$)

经过多次测试，本组选出相对最准确的一组照片中，云朵共同点 A 在直线 YY 的右侧。

探究结论

依据本次选取的样本照片进行计算，得知云底高度大约为 3600 米。

体会与收获

在本案例中，我们一共选取了两次外景拍摄。第一次拍摄，我们拍了 10 组左右的照片，最后以图片不符合要求而放弃选用。第二次拍摄，我们做了充分的准备，吸取前一次失败的教训，又重新拍摄了 10 组左右的图片。经过一一对比、筛选，最后选择最符合要求的 3 组图片，经全部测算，找出数据比较精准的一组作为样本图片。

由此可知，科学不能有一丝一毫的马虎，失之毫厘，差之千里。只有持严谨的科学态度，精益求精，才能做得更好！

这个实验还有两个延伸意义：一个是测量飞机高度，即根据飞机尾迹云测量飞机当时飞行的高度；另一个是气象意义，即通过监测云层高度的不断降低，预测天气变化。

20 案例三：糖葫芦状水流

问题切入

有时候，把水龙头的水流调到最细，用手指碰触水流，手指上方的水流会忽然变成有趣的糖葫芦状（图 20-1）。这会不会和水的表面张力有关呢？

（a）未受阻挡的水流

（b）受阻挡的水流

图 20-1　糖葫芦状水流

在不同的情况下，"糖葫芦"的大小和长短也是不一样的。不同的"糖葫芦"所包含的水量有可能相同吗？

如果相同，那么可以用"糖葫芦球"的数量来表征水的表面张力吗？用什么单位来计量"糖葫芦"的水量呢？我们可以联想到水滴，它的形成也和水的表面张力有关，不过每滴水滴的体积（水量）必须相等。

怎样测量流落过程中"糖葫芦球"的水量呢？

问题猜想

我们猜想这种变形与水的表面张力有关。假设同一个水龙头滴下的每一滴水的质量和体积都均等，同时假设变形的水量因为和水的表面张力相平衡，也是固定的。若选取一个临界状态（最细水流），其受阻变形的水量就等于固定的水滴数，而此时"糖葫芦球"的数量也是固定的，因此就可以用此时的"糖葫芦球"的数量表征水的表面张力（图 20-2）。对于水的表面张力，就可以有一个"另类表达法"。

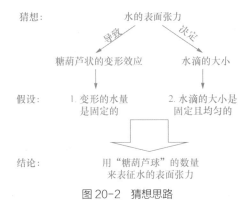

图 20-2　猜想思路

探究方案

制定探究方案，其中涉及的材料、设备以及操作如下。

1. 探究对象。糖葫芦状水流和水滴。

2. 实验场所。厨房，要有利用可调温度的水龙头及水槽。

3. 实验步骤。具体步骤如下。

（1）给糖葫芦状水流拍照，据此计算"糖葫芦"变形的水量，验证它是否总是相等，并总结不同情况下"糖葫芦"变形的规律。

（2）用高精度数字式电子秤称量 20、50、100、200 滴水的质量，比较每组数据中每滴水的平均质量。同时，用量筒测量每组数据中水的体积，比较每组数据中每滴水的平均体积。验证每一滴水滴的体积和质量是否均等。

4. 数码设备。在本案例中，所采用的数码相机选用佳能 EOS 600D（图 20-3）。

图 20-3　佳能 EOS 600D

SF-400A 数字式电子秤的精度为 0.1g，读数精确、便捷（图 20-4）。

用笔记本电脑（图 20-5，戴尔 Latitude 5420）结合几何画板、Excel、PPT 等软件，令数据分析和导出结论更为有效。

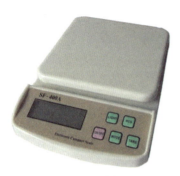 

图 20-4 SF-400A 数字式电子秤　　　　　　图 20-5 笔记本电脑

探究过程

验证"糖葫芦"的水量是否总是相等，并总结"糖葫芦"变形的规律。具体过程如下。

1. 测试拍照效果。设置、调节环境灯光，拍摄测试性照片，如图 20-6 所示。可以清晰地看出糖葫芦状水流，但不易测量其尺寸，需要给变形的水流添加背景标尺架。

图 20-6 测试拍照效果

2. 设计并制作背景标尺架。用直角钢板尺、塑料直尺、木板和短方木制作背景标尺架（图 20-7），将其置于厨房水槽上，给"糖葫芦"添加坐标。

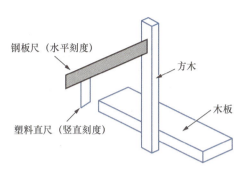

图 20-7 标尺架设计

要求标尺架既能保持稳定,刻度又要尽可能近地贴近水流,以确保读数清晰,还要能够同时读出水流直径和变形水柱的高度。

需要用电钻、万能胶、螺钉等工具加工并固定背景标尺架(图 20-8～图 20-11)。

图 20-8　在方木上打孔　图 20-9　固定直角钢板尺　图 20-10　固定好木板　图 20-11　调节高度

最终的安装效果如图 20-12 所示。

图 20-12　最终的安装效果(需要仔细调节水流在标尺架前的位置)

3. 设计数据采集表。按照水流粗细不同、水温不同以及变形区发生的位置不同（共计 8 种情况）设计数据采集表，如表 20-1 所示。

表20-1　数据采集表

采集项		较细水流的数据				较粗水流的数据			
		直径 D_1 /mm	变形高度 H_1 /mm	球体数 /个	水柱体积 /mm³	直径 D_2 /mm	变形高度 H_2 /mm	球体数/个	水柱体积 /mm³
冷水（温度：　℃）	水流根部								
	水流末端								
热水（温度：　℃）	水流根部								
	水流末端								

4. 用温度计测量水温。将水杯放置在水龙头下，保持水不断流入，使水杯呈溢流状态，使影响水温变化的因素降至最低。将温度计的玻璃泡置于水杯中间，待温度指示液面稳定后，视线和温度指示液面持平，读数（图 20-13）。在完全冷水和完全热水的出水条件下，测得水的温度分别为 20.0℃和 55.0℃，然后将数据填到表 20-1 中。

5. 拍照并采集和处理数据。具体步骤如下。

（1）拍照。按照设计好的内容依次拍照，以能够出现清晰明显的"糖葫芦"为原则，得到一组对比照片（表 20-2）。

图 20-13　测量水温

表20-2 对比照片

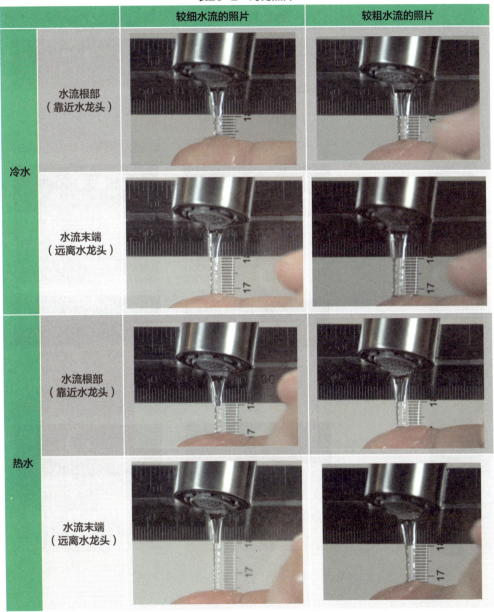

（2）照片处理。使用几何画板粘贴坐标，利用 PPT 中的画线功能对照片进行后期处理，得到一组处理后的对比照片（表 20-3）。

表20-3 处理后的对比照片

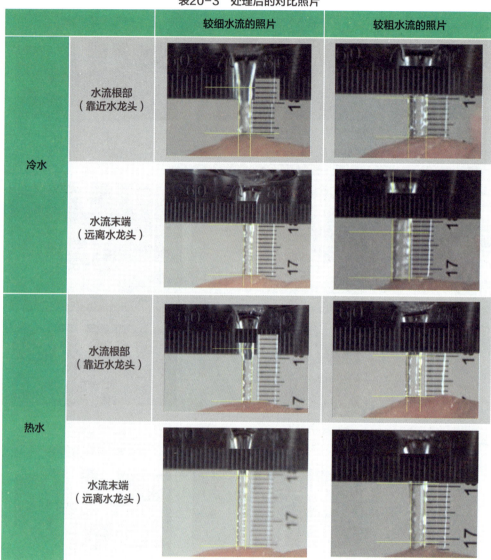

如图20-14所示，仔细确定变形段的数据，并填入表20-1中。

（3）数据处理的方法和原则如下。

圆柱体的体积计算公式为

$$V = \pi r^2 h$$

$$r = D/2$$

物体的质量、密度和体积的关系为

$$质量 = 密度 \times 体积$$

物体的密度不变,则其质量和体积成正比关系,因此对变形段水量的探究就可以简化为对其体积的探究。

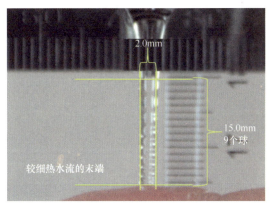

图 20-14 变形段数据

采取简化替代原则,将"糖葫芦"段的体积用圆柱体的体积做简化,通过对圆柱体的体积分析替代对"糖葫芦"段的水量分析。

(4)数据样本如表 20-4 所示,分析如下。

表20-4 数据样本分析

		较细水流的数据分析				较粗水流的数据分析			
		直径 D_1 /mm	变形高度 H_1/mm	球体数 /个	水柱体积 /mm³	直径 D_2 /mm	变形高度 H_2/mm	球体数 /个	水柱体积 /mm³
冷水（温度:20.0℃）	水流根部	2.1	8.0	3	27.7	3.7	6.0	3	64.5
	水流末端	2.0	12.1	6	38.0	3.6	9.8	4	99.7
热水（温度:55.0℃）	水流根部	2.1	11.0	5	38.1	2.7	8.0	4	45.8
	水流末端	2.0	15.0	9	47.1	2.7	11.1	6	63.5

- 同一股水流根部和末端所形成的"糖葫芦"变形的水量并不相同,末端水量大于根部水量。主要体现在水流直径变化不明显,但是在末端形成的"糖葫芦球"的数量明显多于根部,造成末端受阻的变形水量大于根部受阻形成的变形水量。这在 4 组对比数据中均得到证实。因此,用"糖葫芦球"数表述水的表面张力是不可行的。
- 温度相同、位置(根部或末端)相同,较细水流受阻变形更明显。4 组对比均呈现这一特点。较细水流受阻变形更为明显的规律符合生活中观测到的事实。实际上,如果将水龙头的水量逐渐放大,水量越大,能观测到的变形量就越小,待达到水龙头的正常出水量,就观测不到任何变形了。
- 直径相同、位置相同,热水水流受阻变形更明显。4 组对比数据均呈现这一点,这是本次实验的新发现。

在本次实验中,较细热水流末端受阻变形最为显著,其形成的"糖葫芦球"多达 9 个。

要探究水滴的体积和质量是否均等,需要用电子秤和量筒测量 20 滴、50 滴、100 滴、200 滴水的质量和体积,通过对比平均值法探求每滴水的质量和体积。具体步骤如下。

(1)设计数据采集表,如表 20-5 所示。

表20-5 数据采集表 2

量筒质量/g	20 滴水的数据			50 滴水的数据			100 滴水的数据			200 滴水的数据		
	测量值(含量筒)	计算值(去除量筒)	平均值(每滴)	测量值(含量筒)	计算值(去除量筒)	平均值(每滴)	测量值(含量筒)	计算值(去除量筒)	平均值(每滴)	测量值(含量筒)	计算值(去除量筒)	平均值(每滴)
质量/g												
体积/mL												

(2)打开数字式电子秤,归零电子秤的读数。把规格为 10mL 的量筒置于电子秤上,测量量筒的质量并记录(图 20-15)。

(3)接一杯冷水,用规格为 10mL 的胶头滴管从水杯内取水(胶头在上,管口在下,防止水进入胶头或将胶头中的杂质带入水中)。

图 20-15 测量量筒的质量

从量筒口上方滴入 20 滴、50 滴、100 滴、200 滴水到量筒中（量筒上的刻度是指室温为 20℃时筒内液体的体积数，不能用于量取过热的液体，否则量筒发生热膨胀，容积会增大，产生误差。其间拍照并读数（用量筒读数时，应把量筒放在平整的桌面上，视线、刻度线与量筒内凹液面的最低处保持水平，再读出量筒内水的体积数），将数据记录到表 20-6 中，并加以对比（表 20-7）。

表20-6 拍照并记录数据

	20 滴水的照片	50 滴水的照片	100 滴水的照片	200 滴水的照片
质量/g				
体积/mL				

表20-7 对比数据

量筒质量/g	20 滴水的数据			50 滴水的数据			100 滴水的数据			200 滴水的数据		
	测量值（含量筒）	计算值（去除量筒）	平均值（每滴）	测量值（含量筒）	计算值（去除量筒）	平均值（每滴）	测量值（含量筒）	计算值（去除量筒）	平均值（每滴）	测量值（含量筒）	计算值（去除量筒）	平均值（每滴）
质量/g	18.5	1.0	0.05	20	2.5	0.02	22.5	5.0	0.05	27.2	9.7	0.0485
体积/mL	1.0	—	0.05	2.5	—	0.05	4.9	—	0.049	9.7	—	0.0485

（4）数据分析。4 组实验所得的平均值基本相同，质量均为 0.05g 左右，体积均为 0.05mL 左右，由此说明水滴的大小是均等的。

根据求平均值的方法，被测量的数目越大，平均值应该越接近真实值。如忽略量筒自身的误差，200 滴水的平均值更接近真实值。在当前位置，每滴水的质量是 0.0485g，体积是 0.0485mL。这一结果与我们查到的"一滴水的体积大约是 0.05mL，质量大约是 0.05g"这一结论相吻合。

探究结论

通过多次实验，我们对糖葫芦状水流变形现象进行了探究，发现了以下规律。

1. 水流越细，水温越高，受阻而出现的变形就越明显。
2. 不同情况下"糖葫芦"的水量并不相同。
3. 水滴的大小是固定且均匀的，水滴的大小应当和水的表面张力相关。
4. 不能用"糖葫芦球"的数量表征水的表面张力。

体会与收获

在实验过程中，我们可以体验到数码技术对于科学探索的重要性。

数码相机可以将动态的过程定格，且数码格式的照片非常方便进行后期的数据处理；高精度数字式电子秤读数精确、便捷；用笔记本电脑结合几何画板、Excel、PPT 等软件，可以令数据分析和导出结论更有效。

此外，抓住一个问题进行深入思考，通过定量的对比实验、分析数据发现规律，不仅可以提高动手能力，掌握规范使用实验器具的方法，熟悉数码器材的用法，还可以增强学生探究科学的兴趣。

# 21 案例四：利用微信取证治理小广告

问题切入

说起小广告，相信大家都不陌生，楼道里、电线杆上、路面上……各种小广告随处可见，严重影响市容市貌，甚至不少小广告含有招聘诈骗、虚假广告等违法信息。

经查证，北京市于2009年建立了"非法号码警示系统"，用于打击小广告，主要方法是通过拍照取证，录入系统后，由系统对小广告所留电话号码给予警示或强制停机。但是这种治理方法的缺点是取证效率低、治理费用高。

那么，有没有一种效率高、简单易行的取证方法呢？

问题猜想

如今微信基本已经普及，而且大多数人使用的数据流量都是包月服务，费用较低，因此，如果相关部门设立一个微信公众服务号，可以接收群众发来的举报信息，同时各个社区也申请自己的微信公众号作为接收平台，就可以让群众在发现小广告时用手机拍照，通过微信传输到管理部门的微信平台，再由收到信息的管理部门加以核实，然后进行相应的处理。

探究方案

选择两部支持微信功能的智能手机（所安装系统不限）以及一台可上网的计算机。

用手机中的短信和微信功能收集违法小广告的取证和号码收集，随时随地收集小广告电话号码，结合相关部门的微信平台，将收集和接收、警示、呼叫等环节对接起来。

整个流程如图21-1所示。用手机收集小广告电话号码，需要两部分共同完成，即手机端和管理平台。

手机端用于拍摄取证非法小广告照片、录入电话号码并传输到管理平台。可以通过实名认证方式避免虚假收集和恶意举报，将来可以将众多的手机端进行编码以便识别。管理平台是用于接收手机端发来的图片、文字和号码信息，将提取核验后的号码输入城管的"非法号码警示系统"，对确认为非法小广告的号码予以警告或者向有关部门提交停机申请。管理平台可以由相关管理部门或小区物业担任。

图 21-1　具体流程

在实验阶段，首先利用微信网页版在计算机上建立一个小型社区微信管理平台，用于实验和对比。本实验会用到 3 类素材（其中包括 1 张照片、用于说明拍摄地点的 14 个汉字以及 10 组由 11 个数字组成的手机号码），考虑到数据的可重复性，我们将进行 3 组实验，取平均值进行计算。

探究过程

制订好探究方案后，按照如下步骤进行实际操作。

1. 打开计算机，搜索微信网页版，在计算机屏幕上出现一个微信二维码。

2. 打开一部手机的微信，扫描计算机上的二维码，就可以登录这部手机的微信网页版，同时在计算机端建立一个小型的社区微信管理平台。

3. 用另一部手机作为取证的手机端。

4. 编辑信息。编辑信息时，需要对取证地点和取证人情况进行必要说明，以便后期管理人员核实。信息收集包括取证人情况、取证地点、照片和手机号码 4 个要素，其中手机号码需要单独录入，以便后期系统自动识别和抓取。

在本实验中，采用短信方式和微信方式编辑信息，这两种方式的对比如表 21-1 所示。

表21-1 采用短信方式和微信方式编辑信息的对比

录入方式	短信方式	微信方式	备注
文字录入	14字/50s	14字/50s	记录取证地、取证人信息
号码录入	5s/个	5s/个	录入号码
图片录入	拍摄即录入	拍摄即录入	用于拍摄物证照片
语音录入	难识别	14字/12s	用于不方便输入时

由表21-1可知，在文字录入的速度方面，微信和短信基本相同。但是，微信还有语音录入的功能，十分便捷，尤其适合不便输入的人使用。

5. 综合成本对比。采用派专人现场拍照取证方式，会产生交通费和人工费，拍照后还需要人工识别处理，无法准确计算费用，但无疑开支不低。采用志愿者手工收集方式也会产生一定的费用，预计每个号码收集费用大概需要0.10元。若通信费用按照最大消耗60KB/h计算，流量费为0.03元/h，微信收集的一组（含1张照片，约14字左右文字和10个号码）按照录入和发送的数据进行计算：10s（图片）+50s（14字）+5s/个×10个（号码），共用时110s，约2min/组。

如果考虑待机时间，保守估计不会超过10min/组（拍照、文字、10个号码、80%待机），每个号码的采集成本不超过0.0005元。

探究结论

采用微信取证治理小广告是可行的，且在目前已有方式中效率最高，而且非常直观实用。

微信收集成本很低，只需相关部门设立微信公众号，可有效降低取证成本，提高治理小广告的效率。同时，也可以鼓励志愿者协助收集并举报违法小广告，让每个人都参与到环境文明建设中来。

体会与收获

做科学探究需要有严谨认真的态度和方法，容不得半点马虎。设计方案时，也应尽量考虑全面，否则漏洞百出的探究注定会失败。通过这样的实验，学生不仅可以掌握科学探究的方法，还可以增强与人沟通的能力，有助于提高综合素质。

22 案例五：视觉暂留时间测定

问题切入

你有没有注意过这样的有趣现象？——地铁驶过隧道，车内的你看到隧道墙壁上的广告图"动"起来了。抑或，在书上每一页的边缘画一个静态图像，然后快速翻动书本，你就能看到自制的"动画片"了！

这其实用到了"视觉暂留"原理，即物体快速运动时，人眼在所看到的图消失后仍能继续保留 0.1～0.4s 的视觉影像。因此，地铁高速行驶时，车外隧道中的图就连贯地"动"起来了。

问题猜想

车速快时，人们看到的相邻两幅图像间隔的时间小于视觉暂留的时间，所以图像就连成了动画。电影也是利用了视觉暂留原理，拍摄时把连续的动作分解成一组组照片，放映时照片在人眼中重叠，又被还原成连续影像。

视觉暂留现象最早是在 1824 年由英国伦敦大学的教授彼得·马克·罗格特发现的，而中国的"走马灯"是最早的视觉暂留应用。视觉暂留的时间是 0.1～0.4s，不够精确。我们要通过实验自行精确测量。

但是，怎么才能测定这么短的时间呢？直接测量肯定不行，来不及反应计时。我想到了定格动画，每秒记录 5 张照片，这样就能精确到 0.2s 了。进一步发现，计算机摄像头每秒记录 25 张照片，这样就可以精确到 0.04s。

探究方案

1. "小鸟入笼"是简单的视觉暂留实验，卡片正面画的是小鸟，背面画的是笼子。当转动卡片时，我们会看到鸟和笼交替出现，当转动间隔时间小于视觉暂留时间时，就会看到鸟在笼中（图22-1）。

图22-1 "小鸟入笼"

2. 用摄像头记录"小鸟入笼"实验过程，得到一组连续照片。当卡片转动速度由慢变快时，我们就会看到"小鸟入笼"的现象。

3. 需要用视频编辑软件逐帧播放照片。记录小鸟照片与笼子照片出现的间隔，就可以算出视觉暂留时间。

在本案例中，我们会用到的数码设备包括微软 Surface Pro 3（用于摄像、编辑PPT）以及 Movie Edit Touch 软件（视频编辑、回放）。

探究过程

1. 制作道具。剪裁一张4cm×3cm的白色卡片，将其对折成2cm×3cm的双层卡片，以便固定转动轴。正面粘贴颜色鲜艳的甲壳虫图片代替小鸟，背面用笔画一个笼子。卡片两层之间穿过一根牙签作为转动轴，将卡片两层用胶水粘好，最后把牙签插入中空的铅笔。

双手转动铅笔，由慢到快。缓慢转动时，甲壳虫和笼子是分离的；快速转动时，甲壳虫和笼子重叠，即"小鸟入笼"现象。在室内灯光照明下，用摄像头记录实验过程。

在计算机上用视频编辑软件以正常速度回放试验录像，找到出现"小鸟入笼"现象的时间段，记录此时甲壳虫照片和笼子照片在时间轴上的位置。同样找出并记录慢速转动时没有出现"小鸟入笼"现象的时间段，记录甲壳虫照片和笼子照片在时间轴上的位置，共记录 3 组不同速度的数据。

2. 数据采集。采集的 3 组数据如表 22-1 所示。

表22-1 实验照片在时间轴上的位置

	甲壳虫照片	笼子照片	间隔照片数	间隔时间 /s	是否"入笼"
慢速	$00{:}10^{23}$	$00{:}11^{01}$	3	0.12	×
中速	$00{:}15^{04}$	$00{:}15^{06}$	2	0.08	√
快速	$00{:}02^{09}$	$00{:}02^{10}$	1	0.04	√

3. 数据分析。慢速时，没有出现"小鸟入笼"现象；中速时，刚出现"小鸟入笼"现象；快速时，已经出现"小鸟入笼"现象。

$00{:}10^{23}$ 即"分:秒^{序号}"，序号表示每秒中的 0～24 张，即每 2 张间隔 1/25s 或 0.04s。

以中速为例，甲壳虫照片中 $00{:}15^{04}$ 的意义是 0 分 15 秒第 4 张（即 4/25s），如图 22-2（a）所示；笼子照片中 $00{:}15^{06}$ 的意思是 0 分 15 秒第 6 张（即 6/25s），如图 22-2（b）所示。卡片侧面照片中显示的是 $00{:}15^{05}$，如图 22-2（c）所示。

两张照片的间隔时间 0:15 6/25s - 0:15 4/25s = 2/25s = 0.08s，即 0.04s×2 帧 = 0.08s。同样，慢速时的时间间隔是 0.04s×3 帧 = 0.12s 或 11 1/25s - 10 23/25s = 3/25s。

快速时的时间间隔是 0.04s×1 帧 = 0.04s 或 2 10/25s - 2 9/25s = 1/25s。

中速和快速转动时都发生了"小鸟入笼"现象,但中速时间间隔长,也就是视觉暂留最长时间为0.08s。

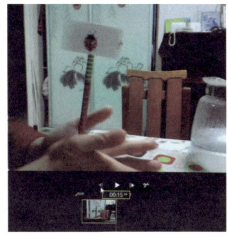

(a)甲壳虫照片

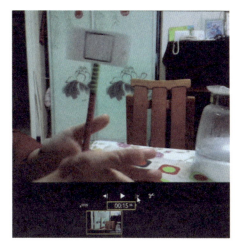

(b)笼子照片

(c)卡片侧面照片

图22-2 记录慢速、中速及快速状态下的"小鸟入笼"现象

探究结论

根据实验,我们得到的视觉暂留时间是0.08s,由于录像速度是0.04s/帧,因此

误差为 ±0.04s，也就是 0.04～0.12s。这个结果比已知数值 0.1～0.4s 更精确。视觉暂留的意义是让人们可以看到连续的影像，如电影和动画，所以电影每秒至少要放映 12.5 帧，才能让观众看到连续的影像。目前，普通电影的帧速率为 24 帧 /s。

体会与收获

通过"数码探"的方式，我们可以获得更精确的实验结果。但实验中的手动速度不稳定，改为机械转动应更好。

如果提高摄像速度，如 50 帧 /s，就可以精确到 0.02s。本案例简单有趣，巧妙地解决了精确测量时间的问题。

23 案例六：足球比赛中罚球区附近射门最佳方式

问题切入

足球是世界上开展得最广泛、广受人们喜爱的体育运动项目之一。熟悉这一运动项目的人应该知道，在激烈的比赛中，当前锋带球至对方罚球区起脚时，他会下意识地选择射门方式。有时可以顺利破门，有时球也会被守门员扑住。

观看那些世界级前锋的精彩射门集锦视频，你会发现他们有的是大力抽射，有的是过顶挑射，有的是则踢出十分怪异的弧线球，让守门员无法应对。那么，在罚球区附近，到底用哪种射门方式最有攻击力呢？

问题猜想

通常，离球门很近时，对方后卫防守严密，前锋一出脚就被破坏了；离球门较近时，即便对方守门员防守严密，大力射门也比较容易成功；离球门较远时，不仅要大力射门，还要想方设法骗过守门员。因此，我们认为能否成功射门取决于射门速度和射门路线两个因素。

常用的 4 种射门方式为平射、抽射、挑射和弯刀球，每种射门方式的速度和路线都不同。那么在距球门不同距离时，不同射门方式的攻击力是一样的吗？

探究方案

（1）设定 3 种射门距离：6m、9m 和 12m，分别代表罚球区附近射门点离球门非常近和一般近、比较远；设定 4 种射门方式：平射、抽射、挑射和弯刀球。探究 3 种距离下 4 种射门方式的攻击力，做 12 组实验。

（2）评分标准：上网查阅相关资料，并根据经验，设定球速和路线对于成功射门的贡献大致分别占 0.75 和 0.25，则 12 种方式的射门方式评分计算公式为

$$总得分 = 射门速度得分 \times 75\% + 射门路线得分 \times 25\%$$

射门速度得分：采取相对评分的计算方式，设定最低速度得分为 60 分，设定最高速度得分为 90 分，利用插值法计算其他速度得分。

射门路线得分：根据射门的隐蔽性来判断，弯刀球 > 抽射 > 挑射 > 平射，评分分别为 90 分、80 分、70 分和 60 分。

（3）视频拍摄地点不能太近，也不能太远，以数码相机的屏幕能够完整包括球门和射门动作为佳，同一种射门距离下的视频拍摄地点要固定不变。

（4）分别拍摄 12 种射门场景的视频，每种拍摄 3～5 次，选取最好的一次作为探究范本。

（5）运用 QQ 影音截取 1s 标准视频画面，这 1s 的视频包含了射门起脚到球射入球门的完整过程。将这 1s 的标准视频通过 QQ 影音的视频连拍功能分解为 8 张连续动作的照片，每张照片的时间间隔是 1/8s。

（6）运用几何画板分析计算连拍分解照片。射门点离球门的距离是已知的，故可以计算足球入球门的两个最短时间间隔内的距离，进而计算出球的射门速度，再采用上面说的入球门速度计算方式就可以计算出 12 种射门情况下的速度得分。

（7）采用总得分计算公式计算 12 种射门的总得分，得分最高的射门方式评为最佳射门方式。

（8）选用的数码设备包括数码相机、计算机和几何画板。

探究过程

1. 拍摄。具体步骤如下。

（1）测定距离球门 6m、9m 和 12m 的标识点，以便定点射门（图 23-1）。

（2）调整和选择视频拍摄地点，侧面顺光拍摄为佳（图 23-2）。

（3）拍摄者发令，球员开始射门（图 23-3）。依次对距离球门 6m、9m 及 12m 处的 4 种射门方式进行拍摄。精选优质视频，确定 3 种距离下 4 种射门的视频片段并加以分析（图 23-4）。

2. 截取视频。具体步骤如下。

（1）单击 QQ 影音工具图标，选取"截图"工具（图 23-5）。

案例六：足球比赛中罚球区附近射门最佳方式

图 23-1　测量标识点

图 23-2　选择拍摄角度

图 23-3　开始射门

图 23-4　选择视频片段

（2）调整游标，截取时长 1s 的完整射门动作视频（图 23-6）。

（3）单击"预览"按钮，查看图像是否包含完整射门动作（图 23-7）。

（4）单击"保存"按钮，将截取的时长 1s 视频保存在文件目录中（图 23-8）。

图 23-5　"截图"工具

图 23-6　截取完整射门动作视频

3. 拍分解。具体步骤如下。

（1）分解对象：上一步制作的 1s 标准截图视频（图 23-9）。

图 23-7　查看图像　　　　　　　　图 23-8　保存视频

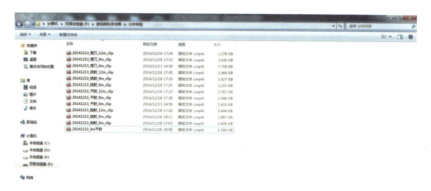

图 23-9　分解对象

（2）单击 QQ 影音工具箱图标，选择"连拍"工具（图 23-10）。

（3）单击"保存"按钮，设置"储存"选项为 8 行 1 列。注意，要输入保存的文件名，方便查找（图 23-11）。

4. 测距离。具体步骤如下。

（1）选择足球入门最近的 A 点和 B 点。

（2）计算足球入门点 A 和 B 的图像距离。

（3）计算射门点 C 和球门点 D 的图像距离。已知 CD 点的实际距离分别为 6m、

9m 和 12m。

（4）计算图像的比例尺：CD 点的实际距离 $/CD$ 点的图像距离（图 23-12）。

图 23-10　选择"连拍"功能工具

图 23-11　保存文件

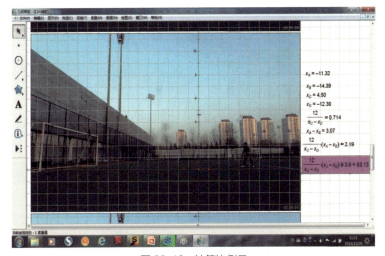

图 23-12　计算比例尺

5. 计算速度。具体步骤如下。

（1）计算 AB 点的实际距离：AB 点图像距离 × 比例尺。

（2）计算 AB 点的实际速度：AB 点图像距离 ×8×3.6，单位为 km/h。

以此类推，计算得到 12 种情况下的速度（表 23-1）。

表23-1　12 种情况下的球速

射门方式	射门点距离 /m	球入门的速度 /（km/h）
平射	6	71.2

续表

射门方式	射门点距离 /m	球入门的速度 /（km/h）
抽射	6	54.18
挑射	6	31.63
弯刀球	6	41.16
平射	9	77.33
抽射	9	77.56
挑射	9	31.96
弯刀球	9	42.58
平射	12	55.11
抽射	12	63.13
挑射	12	40.6
弯刀球	12	79.07

6.计算速度得分。速度得分计算规则：设定最低速度为60分，设定最高速度为90分，采用插值法计算中间速度，最后计算出12种情况下的球速得分如表23-2所示。

表23-2　12种情况下的球速得分

射门方式	射门点距离 /m	球入门的速度 /（km/h）	射门球速得分
平射	6	71.2	85.02
抽射	6	54.18	74.26
挑射	6	31.63	60.00
弯刀球	6	41.16	66.03
平射	9	77.33	88.90
抽射	9	77.56	89.05
挑射	9	31.96	60.21
弯刀球	9	42.58	66.92
平射	12	55.11	74.85
抽射	12	63.13	79.92
挑射	12	40.6	65.67
弯刀球	12	79.07	90.00

7. 设定路线得分。根据射门的隐蔽性来判断，弯刀球大于抽射大于挑射大于平射，设定分值分别为 90 分、80 分、70 分和 60 分，如表 23-3 所示。

表23-3 射门路线得分

射门方式	特 点	射门路线得分
平射	线路直	60
抽射	线路先上后下	80
挑射	线路稍有起伏	70
弯刀球	线路呈曲线	90

8. 计算综合得分。

$$总得分 = 射门速度得分 \times 75\% + 射门路线得分 \times 25\%$$

12 种情况下的综合得分如表 23-4 所示。

表23-4 12 种情况下的综合得分

射门方式	射门点距离/m	射门球速得分	射门路线得分	综合得分	排序
平射	6	85.02	60	78.77	1
抽射	6	74.26	80	75.70	2
挑射	6	60	70	62.50	4
弯刀球	6	66.03	90	72.02	3
平射	9	88.9	60	81.68	2
抽射	9	89.05	80	86.79	1
挑射	9	60.21	70	62.66	4
弯刀球	9	66.92	90	72.69	3
平射	12	74.85	60	71.14	3
抽射	12	79.92	80	79.94	2
挑射	12	65.67	70	66.75	4
弯刀球	12	90	90	90.00	1

探究结论

通过计算综合得分，选取综合得分最高的为最优射门方式，不难得出如下结论。

（1）在 6m 范围内射门，平射为最佳射门方式。

（2）在 9m 范围内射门，抽射为最佳射门方式。

（3）在 12m 范围内射门，弯刀球为最佳射门方式。

（4）挑射的速度最低，一般只有在守门员站位非常靠前的时候才有杀伤力。

体会与收获

很多人可能不太习惯以实验的方式来验证自己的想法，其实这样的模式比较新颖，可以让你在解决问题的过程中充分发挥想象力。通过本案例，你可以了解视频测量速度的方法以及几何画板的用法。

24 案例七：轮胎花纹对摩擦力的影响

问题切入

放学了，我们一起在街心花园玩自行车漂移。在玩的过程中，有人发现相同的两辆自行车漂移起来效果差距非常大，这到底是怎么回事呢？经过仔细观察，我们发现这两辆自行车的轮胎花纹不一样，其中一辆车后面轮胎的花纹几乎被磨平了。

那么，轮胎花纹的深浅对摩擦力的大小是否有影响？影响到底有多大呢？

问题猜想

轮胎花纹的主要作用是增加胎面与路面间的摩擦力，防止车轮打滑。

轮胎花纹的深浅、粗糙程度与上面说到的摩擦力是不是有关系呢？

花纹相同的轮胎，如果其宽窄、长短不一样，摩擦力是不是也会不一样呢？

探究方案

根据上述问题，我们制定了以下3个方案。

1. 选用不同花纹的轮胎进行摩擦力测试，证明不同花纹轮胎在相同的地面条件下具有不同的摩擦力。

2. 选用花纹相同但宽窄不同的轮胎进行摩擦力测试，证明花纹相同的轮胎接触地面的面积不同，摩擦力也不同。

3. 通过实地骑行验证实验结果的正确性。

探究过程

方案一的探究过程为：裁剪两片花纹较浅的轮胎，将其固定在测力器上，然后分别在光滑的地面和粗糙的地面上进行摩擦力实验（图24-1）；取5组数据并记录（表24-1），然后取有效数据，计算平均值；再裁剪两片花纹较深的轮胎，重复上述操作过程。

图 24-1 摩擦力实验方案一

表24-1 方案一的摩擦力实验数据 （单位：N）

实验条件		第1组的数据	第2组的数据	第3组的数据	第4组的数据	第5组的数据	平均值
光滑轮胎	粗糙（地面）	2.80	2.81	2.96	1.60	2.67	2.81
	光滑（地面）	2.10	2.13	2.41	1.50	1.84	2.12
粗糙轮胎	粗糙（地面）	3.02	3.23	4.21	3.24	3.39	3.22
	光滑（地面）	2.10	2.25	2.41	1.53	2.60	2.34

备注：红色为无效数据。

方案二的探究过程为：裁剪一片花纹很深的轮胎，将其固定在测力器上，然后分别在光滑的地面和粗糙的地面上进行摩擦力实验（图24-2）；取5组数据并记录（表24-2），然后取有效数据，计算平均值；再裁剪一片相同花纹的轮胎，但是此轮胎较第一次实验所用的窄且短，重复上述操作过程。

图 24-2 摩擦力实验方案二

表24-2 方案二的摩擦力实验数据 （单位：N）

实验条件		第1组的数据	第2组的数据	第3组的数据	第4组的数据	第5组的数据	平均值
宽大轮胎	粗糙（地面）	3.89	4.08	3.96	4.16	4.16	4.05
	光滑（地面）	2.51	2.79	2.62	1.90	2.52	2.61
窄短轮胎	粗糙（地面）	3.52	3.63	3.58	3.48	3.34	3.51
	光滑（地面）	1.56	2.25	2.11	2.28	2.24	2.22

备注：红色为无效数据。

综合两次实验数据，得到摩擦力实验数据，如表24-3所示。

表24-3 摩擦力实验数据 （单位：N）

实验条件	光滑轮胎的数据（轮胎面积相同）	粗糙轮胎的数据（轮胎面积相同）	宽大轮胎的数据（轮胎面积相同）	窄短轮胎的数据（轮胎面积相同）
粗糙（地面）	2.81	3.22	4.05	3.51
光滑（地面）	2.12	2.34	2.61	2.22

方案三的探究过程为：两辆品牌相同的自行车，但是车胎磨损的程度不同（图24-3）。

图24-3 车胎磨损程度对比

以相同的速度骑行，然后大力刹车，测量刹车距离，并比较不同。这个方案需要借助数码相机测量骑行速度和刹车距离。

对上述过程，用数码相机录制视频，通过分析视频可以看出：从第0s开始骑行（图24-4），记录时间和起始参照物；从第4s开始刹车（图24-5），通过视频可标出刹车开始时的标志位。

图 24-4 开始骑行

图 24-5 开始刹车

可以看出,从第 4s 开始刹车,刹车时间 2s,可清晰标出自行车彻底停下时的参照物和时间(图 24-6)。通过参照物可测量出骑行距离(图 24-7)和刹车距离(图 24-8)。

图 24-6 彻底停下时的参照物与时间

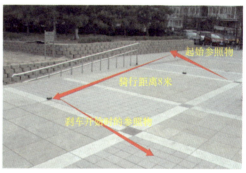
图 24-7 测量骑行距离

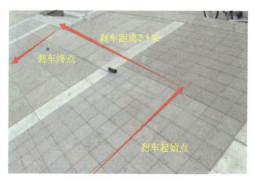
图 24-8 测出刹车距离

实验数据如表 24-4 所示。

表24-4　方案三的实验数据表

实验条件	项目	视频记录时间/s	骑行距离/m	骑行速度（1）(m/s)	刹车距离（2）/m
磨损严重	数据一	4.00	8.00	2.00	2.50
	数据二	3.50	7.90	2.20	2.80
	数据三	5.00	12.00	2.40	3.00
花纹正常	数据一	3.20	9.00	2.80	2.40
	数据二	4.00	8.20	2.05	2.00
	数据三	4.80	11.00	2.20	2.20

（1）利用视频回看功能，根据 $v = s/t$ 估算。

（2）利用视频回看功能，以后轮停止滚动改为平滑移动的那一刻开始计时，到车辆完全停止为止，计算刹车距离。在此期间参考标志位之间的距离。

在上述实验中，测量速度采用的方法是总距离除以时间，但是考虑到实际上自行车是零速起步，有一个加速过程，这样的估算误差有些大。虽然两次实验的车速差距不会很大，但是这种处理方式还是不够严谨。我们针对方案三改进测量刹车前的瞬间速度。

借用影音播放器播放视频时，拖到离刹车前大概1s的时刻暂停。随后通过逐帧播放功能，计算出比较精确的时间。

在听到视频中的刹车声音时，向前拖放 1s 后暂停，按 F 键实现逐帧播放功能。按一下 F 键，前进一帧（所用视频是按 25 帧/s 拍摄的，所以每按一下 F 键，就是前进了 1/25s）。然后记下按 F 键的次数，直到后轮开始抱死打滑为止（图 24-9）。

图 24-9　逐帧播放

后轮抱死打滑是骑行结束、刹车开始的标志，通过视频可清晰看到（图 24-10）。

以前轮辐条上的反光条为标记，记下按 F 键逐帧播放，并查看此过程中车轮转了几圈，然后根据车轮的周长计算出行驶距离（图 24-11）。

图 24-10　刹车的标志　　　　　　　图 24-11　计算行驶距离

方案三改进后的实验数据如表 24-5 所示。其中，车轮的周长为 2.07m。

表 24-5　方案三改进后的实验数据表

实验条件		按 F 键的次数 F	骑行时间 t/s	轮子滚动的圈数 n	骑行距离 s/m	骑行速度 v/(m/s)	刹车距离 /m
磨损严重	数据一	30	1.20	2.60	3.12	2.60	2.50
	数据二	31	1.24	2.80	3.47	2.80	2.80
	数据三	32	1.28	3.00	3.84	3.00	3.00
花纹正常	数据一	34	1.36	3.00	4.08	3.00	2.40
	数据二	28	1.12	2.40	2.69	2.40	2.00
	数据三	32	1.28	2.60	3.33	2.60	2.20

（1）骑行时间 $t = F \times$ 每按一次前进的秒数（即 1/25s）。
（2）骑行距离 $s = n \times$ 车轮周长 2.07m。
（3）骑行速度 $v = s/t$。

方案三的两种测试方法的速度对比如表 24-6 所示。

表 24-6　方案三的两种测试方法的速度对比

磨损严重	第一组骑行速度 v/(m/s)	第二组骑行速度 v/(m/s)	花纹正常	第一组骑行速度 v/(m/s)	第二组骑行速度 v/(m/s)
数据一	2.00	2.60	数据一	2.80	3.00
数据二	2.20	2.80	数据二	2.05	2.40
数据三	2.40	3.00	数据三	2.20	2.60

探究结论

完成实验后，我们可以得到如下结论。

1. 轮胎面积相同，花纹深、粗糙的轮胎摩擦力大于花纹浅、光滑的轮胎。
2. 花纹相同，轮胎着地面积大的摩擦力大。
3. 方案三的第二组数据，最后 1s 内将车子视为匀速运动，以算出车子的速度作为其刹车前的瞬时速度，这比第一组直接将整个过程视为匀速的方法更合理，并且误差较小。

由此可见，在骑行速度接近的条件下，轮胎磨损严重的自行车的刹车距离要明显长于轮胎磨损较轻的自行车。

我们知道摩擦力的大小取决于摩擦因数，同时也与实际接触面积有一定关系。一般情况下，实际接触面积又与表面上的正压力成正比，所以摩擦力与正压力成正比，这正是中学物理课本中的摩擦力公式 $f = \mu N$。摩擦因数 μ 又因实际材料的不同而不同。

体会与收获

借助数码设备进行科学探究不但有趣，而且使探究分析过程更严谨。比如，方案三的测试就用到了数码相机，通过记录时间点、标注参照物，比较精确地计算出骑行速度。另外，对于刹车距离的计算，仅靠眼睛观察是不准确的，也需要借助数码设备进行参照物确认。

通过这个案例，同学们知道了轮胎花纹对安全性的重要性。如果发现自行车（也包括汽车）轮胎花纹磨损严重，要及时更换，否则刹车时摩擦力减小，刹车距离长，会存在安全隐患。另外，在城市公路和山地骑行时，要视具体环境情况选择轮胎花纹和宽窄都不同的公路赛车和山地车，这样骑起来才能更舒适、安全。

25 案例八：人的面部黄金比例是否会遗传

问题切入

遗传是生物的特征之一，而人的某些性状是可以遗传的。本书"课程篇"第 3 个项目介绍了"黄金比例"的概念。你可以使用几何画板测量自己家人或自己喜欢的人物面部的黄金比例。为了将所学的理论知识与实际生活相联系，我们将设计一个别出心裁的实验，探究人的面部黄金比例是否会遗传。

问题猜想

假设父母的面部黄金比例可以遗传给孩子，那就意味着孩子的面部黄金比例与其父母的可能是相似的。

探究方案

制定探究方案，准备资料，选用合适的数码设备。

1. 资料准备。采集若干组家庭的全部家庭成员照片。为了避免偶然性，让结论更准确，我们采集了 20 组照片（一家三口为一组）。回忆一下，人的面部黄金比例就是指人双眼间距离与脸宽的比介于 0.42 和 0.46 之间，眼睛到嘴的距离与脸长的比介于 0.33 和 0.36 之间。符合这两个比例的人看上去显得更好看。

因为比例是不变的，所以屏幕上的比和实际的比相同。

2. 实施探究。具体步骤如下。

（1）使用计算机、照相机或 iPad 获取照片。

（2）在几何画板上将父母和孩子的面部照片按黄金比例公式计算出黄金比例，看看是否相似，是否符合黄金比例遗传的观点。

（3）用 Excel 制作表格，以便更清楚地判断上述问题。表格中需要列出全部家庭成员的双眼间距与脸宽之比（A）、眼睛到嘴的距离与脸长之比（B），然后计算出孩子的面部黄金比例与父母的差值，即孩子 A- 妈妈 A（爸爸 A）、孩子 B- 妈妈 B（爸爸 B）、更像谁（A）、更像谁（B）。

（4）根据表格制作统计图，比对观察，判断人的面部黄金比例是否会遗传。

3. 选用数码设备。在本案例中，所采用的数码设备包括计算机（几何画板和 Excel 软件）、照相机和 iPad。

探究过程

具体探究过程如下。

1. 先计算第 1 组家庭爸爸、妈妈和孩子的面部黄金比例（图 25-1），并将数据填入表 25-1。

$m\overline{_{AB}} = 1.12\text{cm}$ $m\overline{_{IJ}} = 0.84\text{cm}$ $m\overline{_{QR}} = 1.10\text{cm}$
$m\overline{_{CD}} = 2.50\text{cm}$ $m\overline{_{KL}} = 2.02\text{cm}$ $m\overline{_{ST}} = 2.61\text{cm}$

$\dfrac{m\overline{_{AB}}}{m\overline{_{CD}}} = 0.45\text{cm}$ $\dfrac{m\overline{_{IJ}}}{m\overline{_{KL}}} = 0.42$ $\dfrac{m\overline{_{QR}}}{m\overline{_{ST}}} = 0.42$

$m\overline{_{EF}} = 1.14\text{cm}$ $m\overline{_{OP}} = 0.83\text{cm}$ $m\overline{_{UV}} = 1.19\text{cm}$
$m\overline{_{GH}} = 3.33\text{cm}$ $m\overline{_{MN}} = 2.38\text{cm}$ $m\overline{_{WX}} = 3.37\text{cm}$

$\dfrac{m\overline{_{EF}}}{m\overline{_{GH}}} = 0.34$ $\dfrac{m\overline{_{OP}}}{m\overline{_{MN}}} = 0.35$ $\dfrac{m\overline{_{UV}}}{m\overline{_{WX}}} = 0.35$

图 25-1　计算黄金比例

表 25-1　孩子与父母的面部黄金比例

组号	测量对象	双眼间距与脸宽之比（A）	眼睛到嘴的距离与脸长之比（B）
第 1 组	孩子	0.42	0.35
	妈妈	0.42	0.35
	爸爸	0.45	0.34

2. 以此类推，计算其余 19 组家庭所有爸爸、妈妈及孩子的面部黄金比例，并填入表 25-2。

表25-2 其余19组家庭孩子与父母的面部黄金比例

组号	测量对象	双眼间距与脸宽之比（A）	眼睛到嘴的距离与脸长之比（B）
第2组	孩子	0.49	0.37
	妈妈	0.46	0.36
	爸爸	0.5	0.43
第3组	孩子	0.43	0.33
	妈妈	0.46	0.37
	爸爸	0.46	0.4
第4组	孩子	0.42	0.35
	妈妈	0.42	0.35
	爸爸	0.45	0.34
第5组	孩子	0.53	0.33
	妈妈	0.5	0.37
	爸爸	0.41	0.46
第6组	孩子	0.42	0.29
	妈妈	0.39	0.29
	爸爸	0.45	0.32
第7组	孩子	0.37	0.28
	妈妈	0.4	0.31
	爸爸	0.41	0.35
第8组	孩子	0.48	0.32
	妈妈	0.43	0.3
	爸爸	0.44	0.33
第9组	孩子	0.37	0.31
	妈妈	0.34	0.29
	爸爸	0.38	0.38
第10组	孩子	0.42	0.29
	妈妈	0.39	0.33
	爸爸	0.4	0.29
第11组	孩子	0.45	0.3
	妈妈	0.43	0.32
	爸爸	0.43	0.44

续表

组号	测量对象	双眼间距与脸宽之比（A）	眼睛到嘴的距离与脸长之比（B）
第12组	孩子	0.39	0.34
	妈妈	0.4	0.31
	爸爸	0.47	0.37
第13组	孩子	0.48	0.27
	妈妈	0.47	0.3
	爸爸	0.44	0.33
第14组	孩子	0.47	0.36
	妈妈	0.48	0.37
	爸爸	0.41	0.45
第15组	孩子	0.49	0.36
	妈妈	0.45	0.36
	爸爸	0.45	0.42
第16组	孩子	0.45	0.38
	妈妈	0.5	0.39
	爸爸	0.45	0.38
第17组	孩子	0.44	0.3
	妈妈	0.43	0.33
	爸爸	0.42	0.36
第18组	孩子	0.41	0.35
	妈妈	0.38	0.35
	爸爸	0.48	0.32
第19组	孩子	0.38	0.35
	妈妈	0.34	0.31
	爸爸	0.39	0.31
第20组	孩子	0.46	0.33
	妈妈	0.47	0.31
	爸爸	0.43	0.3

3. 利用 Excel 的计算功能，分别计算孩子的面部黄金比例与父母的差值，并根据差值分析与谁更接近，从而判断孩子的面部黄金比例是更像爸爸还是更像妈妈，或是既像爸爸又像妈妈（表25-3）。

表25-3 计算20组家庭孩子与父母的面部黄金比例

测量对象		双眼间距与脸宽之比（A）	眼睛到嘴的距离与脸长之比（B）	孩子A- 妈妈A（爸爸A）	孩子B- 妈妈B（爸爸B）	更像谁（A）	更像谁（B）
第1组	孩子	0.42	0.35			像妈妈	像妈妈
	妈妈	0.42	0.35	0	0		
	爸爸	0.45	0.34	0.03	0.01		
第2组	孩子	0.49	0.37			像爸爸	像妈妈
	妈妈	0.46	0.36	0.03	0.01		
	爸爸	0.5	0.43	−0.01	−0.06		
第3组	孩子	0.43	0.33			像妈妈和爸爸	像妈妈
	妈妈	0.46	0.37	−0.03	−0.04		
	爸爸	0.46	0.4	−0.03	−0.07		
第4组	孩子	0.42	0.35			像妈妈	像妈妈
	妈妈	0.42	0.35	0	0		
	爸爸	0.45	0.34	−0.03	0.01		
第5组	孩子	0.53	0.33			像妈妈	像妈妈
	妈妈	0.5	0.37	0.03	−0.04		
	爸爸	0.41	0.46	0.12	−0.13		
第6组	孩子	0.42	0.29			像妈妈和爸爸	像妈妈
	妈妈	0.39	0.29	0.03	0		
	爸爸	0.45	0.32	−0.03	−0.03		
第7组	孩子	0.37	0.28			像妈妈	像妈妈
	妈妈	0.4	0.31	−0.03	−0.03		
	爸爸	0.41	0.35	−0.04	−0.07		
第8组	孩子	0.48	0.32			像爸爸	像爸爸
	妈妈	0.43	0.3	0.05	0.02		
	爸爸	0.44	0.33	0.04	−0.01		

续表

测量对象		双眼间距与脸宽之比（A）	眼睛到嘴的距离与脸长之比（B）	孩子A- 妈妈A（爸爸A）	孩子B- 妈妈B（爸爸B）	更像谁（A）	更像谁（B）
第9组	孩子	0.37	0.31			像爸爸	像妈妈
	妈妈	0.34	0.29	0.03	0.02		
	爸爸	0.38	0.38	-0.01	-0.07		
第10组	孩子	0.42	0.29			像爸爸	像爸爸
	妈妈	0.39	0.33	0.03	-0.04		
	爸爸	0.4	0.29	0.02	0		
第11组	孩子	0.45	0.3			像妈妈和爸爸	像妈妈
	妈妈	0.43	0.32	0.02	-0.02		
	爸爸	0.43	0.44	0.02	-0.14		
第12组	孩子	0.39	0.34			像妈妈	像妈妈和爸爸
	妈妈	0.4	0.31	-0.01	0.03		
	爸爸	0.47	0.37	-0.08	-0.03		
第13组	孩子	0.48	0.27			像妈妈	像妈妈
	妈妈	0.47	0.3	0.01	-0.03		
	爸爸	0.44	0.33	0.04	-0.06		
第14组	孩子	0.47	0.36			像妈妈	像妈妈
	妈妈	0.48	0.37	-0.01	-0.01		
	爸爸	0.41	0.45	0.06	-0.09		
第15组	孩子	0.49	0.36			像妈妈和爸爸	像妈妈
	妈妈	0.45	0.36	0.04	0		
	爸爸	0.45	0.42	0.04	-0.06		
第16组	孩子	0.45	0.38			像爸爸	像爸爸
	妈妈	0.5	0.39	-0.05	-0.01		
	爸爸	0.45	0.38	0	0		
第17组	孩子	0.44	0.3			像妈妈	像妈妈
	妈妈	0.43	0.33	0.01	-0.03		
	爸爸	0.42	0.36	0.02	-0.06		

续表

测量对象		双眼间距与脸宽之比（A）	眼睛到嘴的距离与脸长之比（B）	孩子A-妈妈A（爸爸A）	孩子B-妈妈B（爸爸B）	更像谁（A）	更像谁（B）
第18组	孩子	0.41	0.35			像妈妈	像妈妈
	妈妈	0.38	0.35	0.03	0		
	爸爸	0.48	0.32	−0.07	0.03		
第19组	孩子	0.38	0.35			像爸爸	像妈妈和爸爸
	妈妈	0.34	0.31	0.04	0.04		
	爸爸	0.39	0.31	−0.01	0.04		
第20组	孩子	0.46	0.33			像妈妈	像妈妈
	妈妈	0.47	0.31	−0.01	0.02		
	爸爸	0.43	0.3	0.03	0.03		

4. 用Excel的作图功能，对数据进行进一步分析，如图25-2和图25-3所示。

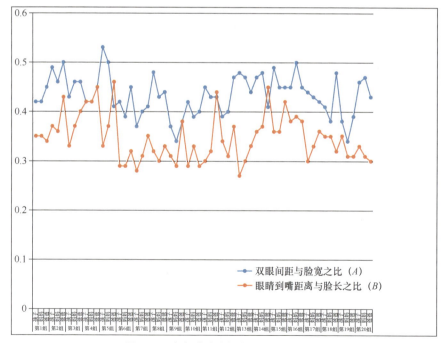

图25-2　根据黄金比例做出的折线统计图

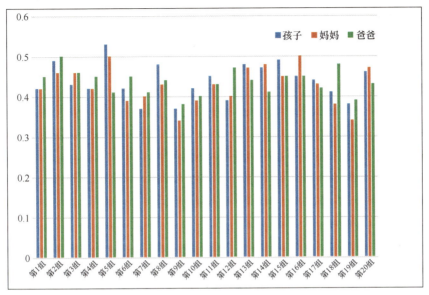

（a）双眼间距与脸宽之比

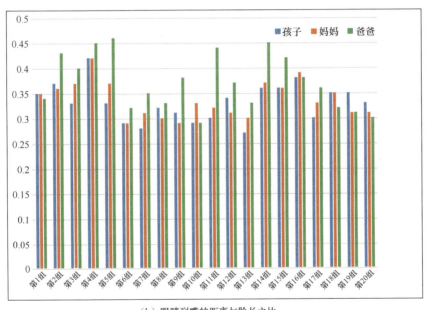

（b）眼睛到嘴的距离与脸长之比

图 25-3　根据黄金比例做出的条形统计图

探究结论

通过对 20 组数据的处理与分析，我们可以看出 20 组家庭孩子的面部黄金比例有的像爸爸，有的像妈妈，还有几个孩子的面部黄金比例和爸爸、妈妈都非常相似。因此，我们可以基本得到"人的面部黄金比例应该会遗传"的结论。

体会与收获

探究过程并不是一蹴而就的，而是经过失败、改进、再失败、再改进……在本案例中，我们最初采集了 5 组家庭的照片，而且只绘制了一幅折线统计图。有人提议："折线统计图能表示数据的变化趋势，而条形统计图才能清楚地表示数据的多少。为什么不试试条形统计图呢？"

经过一番斟酌，我们认为使用两种统计图能让结论变得更准确、更具有说服力，于是反复改了好几遍，最终决定使用两种统计图，并采集了 20 组家庭的照片。

后记

本书出版之际,正值"数字科学家计划"走过了十年的探索路程。十年来,数字科学家计划明确了其哲学基础——古希腊毕达哥拉斯学派的"万物皆数",从这种世界观的角度来说,世界上的各种关系都是由数值构成的。当今的物联网与数字化环境正是这种哲学观念的物化结果。"数字科学家计划"的英文翻译是"E-Scientist Project",强调这种电化或者数字化环境下的科学探究。今天的青少年是这种数字化环境下的原住民,而"数字科学家计划"就是从数字化视角看待世界,看待青少年的教育与发展问题。

1990年,美国为了解决理工科人才匮乏问题,提出了STEM教育观念,强调S(科学)、T(技术)、E(工程)和M(数学)的整合,其教育特征如下:(1)学生真实投入学习情境;(2)强调实际问题解决;(3)强调"工程设计"环节;(4)强调跨学科乃至跨界学习;(5)强调合作与团队工作。经过将近30年的实践,业内已经形成较为完善的理论与实践体系。STEM教育被引入中国后,得到了本土化,加入了A(艺术),形成了人文素养引领下的A-STEM教育。十年来,"数字科学家计划"形成了A-STEM探究式实践教学模式(如下图所示)。这种教学模式构成了"数码探科学"的课程模式。

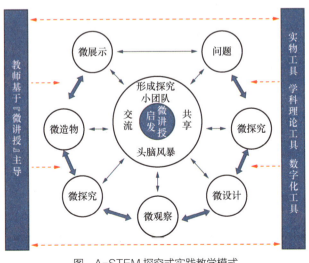

图 A-STEM探究式实践教学模式

这种模式强调培养混合运用实物实验技术手段、学科专家理论手段或者计算机信息技术手段解决实际问题的意识和技能；强调在探究式学习本能的基础之上构建学习方法和教授方法；强调工程思维与计算思维的培养。

十年来，"数字科学家计划"在著名教育家顾明远先生的关怀与指导之下，探索出了一条提高青少年科学信息素养的路径。数字科学家计划在 A-STEM 探究式实践教学模式的框架之下，形成了"数字科学家""数字科学 + 学科"等基础课程，"数码探科学"是"数字科学家"的升级版本，旨在提高学生科学探究意识和数字化探究技能。未来已来，今天的实践决定了未来社会的样子。"数字科学家计划"将不断前进，发挥更大的 A-STEM 科创教育引领作用。